湖北省学术著作出版专项资金资助项目

混凝土材料科学与工程技术研究丛书(第1期)

混凝土结构 CFRP 加固技术研究

杨志勇　陈军东　赵　亮　编著

武汉理工大学出版社

·武　汉·

内 容 简 介

本书是关于采用碳纤维增强复合材料加固混凝土结构的学术性研究著作。全书的主要内容包括:CFRP加固技术概述,常用CFRP加固混凝土结构的力学性能分析软件及建模方法,CFRP在受弯梁加固中的应用,CFRP在梁柱节点加固中的应用,CFRP在钢筋混凝土筒仓加固中的应用,CFRP加固型钢混凝土结构的理论分析,CFRP与角钢组合加固的有限元分析等。

本书可供土木工程施工专业技术人员、设计师从事混凝土结构鉴定与加固相关设计、施工工作时参考,也可供高等学校土木工程专业研究生、高年级本科生学习施工技术或混凝土结构设计等专业知识时参考。

图书在版编目(CIP)数据

混凝土结构CFRP加固技术研究/杨志勇,陈军东,赵亮编著.—武汉 :武汉理工大学出版社,2019.6

(混凝土材料科学与工程技术研究丛书.第1期)

ISBN 978-7-5629-6045-4

Ⅰ.①混… Ⅱ.①杨… ②陈… ③赵… Ⅲ.①混凝土结构—纤维增强复合材料—研究 Ⅳ.①TU37

中国版本图书馆CIP数据核字(2019)第119256号

项目负责人:陈军东	责任编辑:雷 芳
责任校对:夏冬琴	封面设计:付 群

出版发行:武汉理工大学出版社
地　　　址:武汉市洪山区珞狮路122号
邮　　　编:430070
网　　　址:http://www.wutp.com.cn
经　　　销:各地新华书店
印　　　刷:湖北恒泰印务有限公司
开　　　本:787×960　1/16
印　　　张:18.75
字　　　数:288千字
版　　　次:2019年6月第1版
印　　　次:2019年6月第1次印刷
定　　　价:85.00元(精装)

前　言

新中国成立以来,特别是改革开放以后,随着国民经济的高速稳定发展,我国的建筑行业特别是城市基础设施建设经历了前所未有的繁荣,尤其是 20 世纪 90 年代住房制度改革以来,地产行业更是蓬勃发展,城市基础设施改造和升级取得了令世人瞩目的成果。目前我国的建筑物总面积已经超过 400 亿 m²。

我国当前建筑行业发展的特点是不断有新的建筑工程开工,同时 1949 年以来最早的一批建筑物已经达到了设计使用年限,这样就造成了新旧建筑物大量共存,建筑业的发展已经由大规模的土木工程设施新建阶段转入新建与维修并重阶段,在今后的发展过程中,建筑物的改造、维修和加固将会逐步增多。在这个过程中,需要加固的建筑物往往包括:早期开工建设的已经超过设计基准期的建筑物,尤其是新中国成立初期兴建的大批老旧房屋;随着城市改造,部分需要改变使用功能的建筑物,如不通车桥梁变更为通车桥梁,部分场馆车间变更为储物仓库等;还有的是因为建筑业高速发展留下的隐患,或者是存在设计缺陷的部分新建建筑等。这些建筑物的种类众多,结构形式复杂多样,需要的加固方法和技术各不相同。典型的技术包括:粘钢加固、压力灌浆加固、外包型钢加固、植入钢筋加固、预应力加固、锚杆静压桩加固、粘贴碳纤维布加固等。

本书主要研究粘贴碳纤维布加固技术,这种技术所采用的材料主要包括起胶粘作用的改性环氧树脂和提高结构物理力学性能作用的碳纤维增强复合材料(Carbon Fiber Reinforced Polymer,CFRP),因此在研究中也称这种加固技术为 CFRP 加固技术。CFRP 加固技术应用范围十分广泛,主要用于建筑工程中,如桥梁的加固维修以及各类工民建工程的维修中,此外CFRP 还可应用在军事、航空、体育用品、赛车等领域。本书主要研究利用碳纤维增强复合材料加固建筑物中最为普遍使用的钢筋混凝土结构,其加固的基本原理是利用专用结构胶将碳纤维布粘贴在混凝土表面,形成复合结构,CFRP 通过与混凝土之间协同工作,对构件或结构起到加固及改善受力性能的作用。

CFRP 加固混凝土结构技术在工程应用中有着显著的优点:由于碳纤维

材料单向抗拉强度高、弹性模量高,能够显著改善结构的力学性能;其化学性能稳定,耐酸碱性、耐腐蚀性强,适用于恶劣的工作环境;质量轻,只有普通钢筋的 1/4,可手工操作,不需要大型的机具、设备;在结构表面粘贴,施工速度快、周期短,对被加固结构的使用功能影响小,且几乎不增加原结构的质量;易于剪裁,对所需的形状和尺寸有很高的适应能力;体积小,对施工的操作空间要求可达到最低限度。因此这种技术广泛适用于建筑物梁、板、柱、墙的加固,并可用于桥梁、隧道等其他土木工程的加固补强。

我们自 20 世纪 80 年代起开始关注混凝土结构加固技术的发展,并做了一些相关研究。自 20 世纪 90 年代起至 21 世纪初期,我们承担了部分老旧建筑的结构鉴定及加固工作。这一时期,对于 CFRP 加固技术的应用研究在土木工程界的开展越来越广泛,我们也倾注了大量的精力进行了相关的试验研究,在试验中为得到更为精确的研究结果,进行了相关的结构模型试验,并对试验结果进行了仿真分析及研究。我们的研究成果散见于 2000 年至 2010 年研究团队成员发表的研究论文以及我所指导的研究生的学位论文,这些研究成果是撰写本书的基础。全书的主要内容包括:CFRP 加固技术概述,常用 CFRP 加固混凝土结构的力学性能分析软件及建模方法,CFRP 在受弯梁加固中的应用,CFRP 在梁柱节点加固中的应用,CFRP 在钢筋混凝土筒仓加固中的应用,CFRP 加固型钢混凝土结构的理论分析,CFRP 与角钢组合加固的有限元分析等。

我的研究生谭大义、谢乐、吴修贤、刘天成等在撰写过程中付出了大量的精力收集整理相关文献;研究生方明新、周会平、刘威、张镇、鲁效尧、李旋等协助我设计试验方案,进行软件的仿真分析并完成试验;博士生陈军东、赵亮参与了部分章节内容的编写。武汉理工大学出版社为本书的出版付出了大量的努力。责任编辑雷芳负责了文字的校订和整理工作。出版社将本书列入"混凝土材料科学与工程技术研究丛书",作为重点计划出版,并为本书的出版申请了湖北省学术著作出版专项资金资助。在此对他们的工作表示诚挚的感谢。此外,由于 CFRP 加固混凝土结构技术应用广泛,研究者众多,也取得了大量的研究成果,在本书的撰写过程中,我们积极引用了这些研究成果并在每章末尾注明了所引用的文献,在此对这些参考文献的原作者表示诚挚的感谢。

本书主要是整理了作者过去 20 多年来的工程实践和教学研究成果,随着建筑施工技术的飞速发展,作为其分支之一的混凝土结构 CFRP 加固技术也取得了长足的进步,加固材料的性能改善,加固工艺的革新都能提升技术的先进性水平,改善加固的力学性能效果,本书的内容并不能完全反映这些新的技术特点。加之本人的学识水平和精力有限,书中难免有错漏之处,欢迎从事相关方向专业研究的读者批评指正,批评意见和修改建议可以直接发到 chenjd@whut.edu.cn。

杨志勇

2019 年 5 月

目　　录

1　CFRP 加固技术概述

1.1　混凝土结构加固技术研究及其背景与意义

1.1.1　混凝土结构加固技术研究的背景及意义

世界上经济发达国家的城市建设大体上都经历了三个阶段,即大规模的土木设施新建阶段、新建与维修并重阶段、重心向旧建筑物维修和改造转移的阶段。目前,各经济发达国家的基本建设已经趋于完成,现在正逐渐把建设重点转移到旧建筑物的维修、改造和加固方面。在一些经济发达的国家,工程结构的维修和加固费用有的已经达到或者超过新建工程的投资。例如,美国 20 世纪 90 年代初期用于旧建筑物维修和加固上的投资已占到建设总投资的 50%,英国为 70%,而德国则达到了 80%左右。

我国自 1949 年以来,特别是改革开放以后,随着国民经济的高速稳定发展,我国的建筑行业特别是城市基础设施建设正经历着前所未有的繁荣。但由于种种不可避免的原因,大规模高速度地新建工程势必会给一些结构留下隐患;而且,随着人类文明的进步和社会经济的发展,人们对建筑物的安全性、适用性和耐久性的要求也越来越高(比如抗震性),这就需要采用新的更高的设计标准;再者,随着很多老建筑物已经到了设计基准期,有的建筑物使用功能发生改变,这样,大量的原有建筑物特别是重要的建筑物只有通过采取适当的加固措施才能满足人们的使用要求。另外,我国许多地区处于地震多发区域,历次地震都对建筑物造成了不同程度的损坏,而且风灾、火灾时有发生,仅风灾每年损坏房屋就达到了 30 万间。这些区域的建筑结构必须进行加固及受损结构的修复。

我国于1997年通过了《中华人民共和国建筑法》,其中明确规定:建筑物在合理使用寿命内,必须保证地基基础工程和主体结构的质量;对已发现的质量缺陷,建筑施工企业应当修复。据1978年的初步统计资料显示,如果把我国当时的建筑物的使用寿命延长一年,就相当于新建上亿平方米的房屋,或相当于创造几百亿元的投资。改建比新建工程可节约投资约40%,缩短工期约50%,收回投资速度比新建厂房快3~4倍。因此,如何合理地使用、正确地维护和加固这些已有的建筑物,将是目前和以后很长一段时期内土木工程界的重要任务。

最近几年以来,我国的经济增速和人口增速同步趋缓,经济也开始由"增量时代"转向"存量时代",城市建筑的更新模式逐渐转变为以"旧楼改造,存量提升"为核心。在这种社会经济背景下,研究建筑物的补强加固技术是有明显的经济意义和社会意义的。目前,对建筑物的补强加固技术在工程中得到了广泛的应用,在学术界也得到了普遍的重视。

现行的加固方法有很多,如加大截面加固法、喷射混凝土加固法、预应力加固法、外包钢加固法等,但是均存在明显的缺陷,加固效果也不太理想。相较于此,CFRP加固则表现出明显的优越性,不仅克服了上述方法的很多缺陷,并且其自身具备极佳的抗腐蚀性和耐久性能,有良好的抗震性,且施工质量更容易得到保证,具有很高的应用前景。

1.1.2　常见钢筋混凝土结构加固方法简介

结构的加固方法可以分为两大类,即直接加固法和间接加固法。工程上常用的钢筋混凝土结构补强加固方法主要有:

(1)加大截面加固法。加大截面加固法是通过增加原构件的受力钢筋,同时在外侧重新浇筑混凝土以增加构件的截面尺寸,来达到提高构件承载力的目的。例如,在原有的钢筋混凝土柱的周边,浇筑一层钢筋混凝土周围套,通过采取一些有效的技术措施保证新旧钢筋混凝土形成整体,这样就可以提高柱的承载能力和刚度。

　　加大截面加固法是一种传统的加固法,也是一种非常有效的加固方法。该方法可以用来提高构件的抗弯、抗压、抗剪、抗拉等能力,同时也可以用来修复已经损伤的混凝土截面,提高其耐久性,可以广泛地用于各种构件的加固。但是这种加固方法对原有构件的截面尺寸有一定程度的增加,使原有的使用建筑空间变小。另外,由于该加固方法一般采用传统施工工艺,尤其是对钢筋混凝土结构的加固,施工周期长,对在用建筑的使用环境有较大的影响。

　　(2)外包钢加固法。外包钢加固法是用乳胶水泥、环氧树脂化学灌浆或焊接等方法对梁柱外包型钢进行加固。该方法主要是通过约束原构件来提高其承载力和变形能力。例如,在钢筋混凝土或砖柱的四角设置角钢,并用缀板将角钢连成一体,采取一些技术措施保证角钢参与工作,这样就起到了对柱子的加固作用。外包钢加固法可以大幅度地提高构件的抗压和抗弯性能,由于采用型钢材料,施工期相对较短,占用空间也不大,比较广泛地应用于不允许增大截面尺寸,而又需要较大幅度提高承载力的轴心受压构件和小偏心受压构件。外包钢加固法也可以用于受弯构件或大偏心受压构件的加固,但宜采用湿外包钢加固法。

　　(3)预应力加固法。预应力加固法是通过预应力钢筋对构件施加预应力,以承担梁、屋架和柱所承受的部分荷载,从而提高构件的承载力。预应力拉杆加固广泛适用于受弯构件和受拉构件的加固,在提高承载力的同时,对提高截面的刚度、减小原有构件的裂缝宽度和挠度、提高加固后构件截面的抗裂能力是非常有效的。预应力撑杆加固可以应用于轴心或小偏心受压构件的加固。预应力加固法占用空间小,施工周期短,但其施工技术要求较高,预应力拉杆或压杆与被加固构件的连接(锚固)处理较复杂,难度较大,另外还存在施工时的侧向稳定问题等。

　　(4)粘钢加固。粘钢加固是在混凝土构件表面用特制的建筑结构胶粘贴钢板,是提高结构承载力和变形能力的一种加固方法。该方法始于20世纪60年代,这种加固方法具有施工方便、周期短、占用空间不大、对环境影响较小,以及加固后不影响结构的外观等优点,因此是一种适用度较为广泛的先进加固方法，不仅用于一般建筑，公路桥梁也普遍采用。1981 年，国产 JGN 型建筑结构胶的问世，对我国粘钢加固技术的发展起到了极大的推动作用，三十余年来，粘钢加固技术发展迅速，在我国很多地区的工程结构加固改造中得到了广泛的采用。

（5）喷射混凝土加固法。喷射混凝土加固法是借助喷射机械，利用压缩空气或其他动力，将一定比例配合的拌合料，通过管道输送并高速喷射到受喷面上凝结硬化成混凝土的一种方法。喷射混凝土具有较高的力学性能和良好的耐久性，特别是与混凝土、砖石、钢材具有很高的粘结强度，可以在结合面上传递拉应力和剪应力。

（6）增设构件加固法。增设构件加固法是在原有的构件之间增加新的构件，如在两榀屋架之间设一榀新屋架，在两根横梁之间增加一道新梁，在两根柱子之间增加一个新柱子等，从而减少原有构件的受荷面积，减少荷载效应，达到结构加固的目的。该方法实施时不破坏原有结构，易于施工，但是由于增加了新构件，对原有建筑物的建筑功能可能会有影响。所以该方法一般适合于生产厂房或增加构件后不影响使用要求的民用建筑梁、柱等的加固。

（7）增设支点加固法。增设支点加固法是在梁、板等构件上增设支点，在柱子、屋架之间增设支撑构件，减少结构构件的计算跨度，减少荷载效应，发挥构件潜力，增加结构的稳定性，达到结构加固的目的。

（8）改变用途法。例如，在工业与民用建筑中，原建筑物使用功能为图书馆藏书库，楼面使用荷载为 $4\sim5kN/m^2$，但若发现其因设计有误或结构损伤等，导致可靠度较低，可以将藏书库改为办公楼，则楼面使用荷载降低到 $1.5\sim2.0kN/m^2$，即可保证大楼使用的可靠度。

（9）隔振法。在抗震工程或其他动力工程中，常常采用隔振技术来阻止或减少对结构的作用，从而保证结构的可靠度。基底隔振是常用的广义加固方法，该法在建筑物上部结构与它的基础之间设置一个隔振层。当地面运动速度超过了规定值，上部结构与基础之间产生滑移，即地面运动不能传递或不能全部传递至上部结构，减少了上部结构的运动，也就是减小了地震力，从而确保了建筑物在强烈地震下的可靠性,也就间接起到了加固的作用。

对于上述加固方法,国内外的很多科研机构都进行了大量的研究工作,且大都已经用于实际工程中,留有较多记载。然而,这些加固方法都有一定的缺陷,除去带有共性的受化学腐蚀问题外,像粘钢加固法,还会存在增加构件自重、粘结点不易处理、施工难度大等问题。

1.2 混凝土结构CFRP加固技术研究的历史及现状

1.2.1 国外混凝土结构CFRP加固技术研究历史及现状

钢筋混凝土结构出现以来,随之就出现了对其加固的研究,只是研究不够理论化和系统化。特别是第二次世界大战结束后,除大规模建造新建筑物外,对已有旧建筑物的加固维修也日趋重要。与此同时,伴随着钢筋混凝土结构的不断使用,其理论研究也不断深入,钢筋混凝土结构的加固修复研究也逐渐呈现出系统化、规范化、理论化的特点。

国外对于CFRP加固技术的研究起步比较早,资料表明,CFRP加固技术最早始于瑞典和德国。自从1981年瑞典人Meier第一个利用碳纤维片材加固Ebach桥梁开始,国外重要研究机构和各国大学科研团体都开始对碳纤维增强复合材料(Carbon Fiber Reinforced Plastics,CFRP)加固进行大量试验和理论研究,随着研究的深入,工程实例开始增多,各国取得了大量的重要成果。

在日本,特别是阪神大地震后,对于CFRP用于抗震加固做了大量的科学研究。1989年,日本召开了"混凝土结构部件中的FRP加固材料的应用"学术研讨会,随后在1993年发布了《混凝土结构部件的FRP应用的设计、施工指南(草案)》,1995年总结制定出《连续纤维加固混凝土结构性能和设计法》,并在1996年正式颁布发行了《连续纤维材料补强加固混凝土结构物的设计及施工规程》。这些都使得碳纤维材料在日本加固技术中得到了极大推广,早在1997年,日本仅一年的时间用于加固修补结构的CFRP片材用量就达到了70万 m^2。

在美国,由于钢筋混凝土结构极易受到盐害的作用,所以美国对于 FRP 技术也相当关注。1991 年,美国混凝土协会(ACI)专门设立了研究纤维增强复合材料加固混凝土及砌体结构的特别委员会 ACI440,而另一委员会 ACI423 的主要职责是对新型的纤维复合材料进行创新研究。在美国,建筑业是国民经济的支柱产业之一,在其新建建筑产业处于萧条时,建筑物的加固维修出现了日益旺盛的现象,20 世纪 90 年代,美国用于对旧建筑物的加固维修上的投资占到了美国建筑总投资的 50%。

在欧洲,对建筑结构采用外贴 CFRP 片材进行加固的研究最早开始于瑞士的 EMPA 实验室和德国的 IBMB 研究院,他们研究了用 FRP 加固梁的受弯部件。1995 年,在比利时根特举行的第二届 FRP 增强钢筋混凝土结构的国际会议,这标志着 FRP 在欧洲引起了最为广泛的关注。随着研究的深入,1996 年,意大利首次大规模地使用 FRP 加固法,在一年的时间里进行了五项较大工程的加固修复,加固对象涵盖了建筑物和桥梁。

Ganga Rao 进行了三面缠绕碳纤维布对于钢筋混凝土梁抗弯性能、延性以及耐久性的试验研究。H. Saadatmanesh 和 M. R. Ehsani 对 CFRP 加固钢筋混凝土梁的抗弯抗剪性能做了相应研究,认为加固时选择合理的粘贴剂对加固效果影响显著,并且研究了材料性能和加固数量对梁强度的影响。Swamy 和 Mukhopadhyaya 研究了 CFRP 加固高强混凝土结构时呈现的脆性破坏,并对其原因进行了相应分析,分析认为这种脆性破坏主要是由于 CFRP 出现剥离破坏时构件没有到达极限荷载,而混凝土强度不足是导致这种破坏的主要因素。Marco Arduini 等研究了 CFRP 加固量对于梁的影响,试验表明 CFRP 加固量的改变可以改变加固梁的屈服荷载和极限荷载,但是只有在受压区较小时才能充分发挥作用,并对脆性破坏提出了剪跨区全部设置 U 形箍的布置方法,但是没有对界面的剥离破坏的原因做出相应分析。K. H. Tan 对不同预加载程度的梁进行了 CFRP 加固试验,它的破坏模式大致为碳纤维布剥离破坏,试验结果表明,预加载水平在正常使用荷载范围内变化时,碳纤维布加固可以提高梁的屈服荷载和极限荷载,但提高程度随着预加载的增大而降低。T. W. White 等在碳纤维布与混凝土之间无粘贴滑移假定情况下,建立了截面分层模型计算钢筋、碳纤维布以及混凝土的响应,但是失望的是计算结果与试验结果并不相符。H. Saadatmanesh 和 P. A. Ritchie 对加固用的结构胶进行了详细研究,通常在结构加固中常用环氧类结构胶,因为其具有很高的强度、刚度和韧性,便于传递应力和避免裂缝导致的脆性粘结破坏。

总之,国外发达国家对于纤维片材加固混凝土结构的理论和试验研究已经相对成熟,大量的工程实例又反过来促进了理论的研究,在此基础上制定了大量的行业标准和规范规程,逐渐形成了 CFRP 加固修补混凝土结构技术的产业化。

1.2.2 国内混凝土结构 CFRP 加固技术研究历史及现状

国内对于 CFRP 加固土木工程建筑的研究起步比较晚,相应的实际工程也比较少,但是最近几年我国对于 CFRP 研究表现出不断发展壮大的趋势。

我国在 1997 年才开始对 CFRP 加固建筑结构进行相应研究,最先开始研究 CFRP 加固建筑结构的是国家工业建筑诊断与改造工程技术研究中心,其研究取得了一定的成果。并且在 1998 年,我国开始把这些研究成果应用到了实际工程中。现在,国家工业建筑诊断与改造工程技术研究中心、中国建筑科学研究院有限公司、上海市建筑科学研究院(集团)有限公司等十几家科学研究院所以及同济大学、哈尔滨工业大学、天津大学、东南大学等十几所高等院校也对 CFRP 加固技术进行了深入研究。其中,国家工业建筑诊断与改造工程技术研究中心研究了结构二次受力情况下 CFRP 加固钢筋混凝土结构的抗弯性能,并且对 CFRP 加固混凝土柱做了相应的试验和理论分析;一些重点学校如同济大学、天津大学则对碳纤维布加固混凝土结构梁的抗弯剪性能进行了理论研究,并总结给出了相应的计算方法。吴刚、杨勇新、叶列平等对碳纤维片材加固修复领域做了大量试验和理论研究。紧接着,很多高校对于 CFRP 粘贴锚固性能以及碳纤维补强结构的耐久性、疲劳性、延性等也做了进一步研究。虽然我国起步晚，但是发展迅速。2000 年首届 FRP 学生交流会在北京举行，CFRP 加固成为大会交流的主题。而且，我国已经发布了《碳纤维片材加固修复混凝土结构技术规程》，其对碳纤维片材的工程应用起到了指导作用。

总之，国内外在进行了大量试验研究的基础之上，总结并推导出了各种适合碳纤维布加固混凝土梁的计算方法，这又进一步地指导和规范了碳纤维布在结构加固领域中的广泛应用。

1.3　纤维增强复合材料的特点及应用范围

1.3.1　纤维增强复合材料简介

近年来，纤维类材料在土木工程中的应用一直是国内外研究的热点。随着材料技术的发展，现在已经开发出了多种高科技纤维材料。

纤维增强复合材料（Fiber Reinforced Plastics，简称 FRP）是一种树脂基复合材料，是混凝土结构加固经常采用的一种新型复合材料。FRP 主要由高性能纤维（也称增强体），聚酯基、乙烯基或环氧树脂（也称基体）组成。典型的 FRP 大约有 $60\%\sim65\%$ 的纤维，其余是基体。单丝经过浸润树脂、拉拔、缠绕、粘结而形成片材、板材、绳索、棒材、短纤维或格状材。它具有质量轻、强度高、电磁中性、导热系数低、便于施工等优点，并且比钢筋混凝土结构更耐用、耐腐蚀、耐疲劳（是钢筋的 3 倍），质量密度比更大（是钢筋的 $10\sim15$ 倍）。

在混凝土结构加固工程中，常用的高性能纤维增强复合材料根据增强体的不同可以分为三种：

（1）碳纤维增强复合材料（Carbon Fiber Reinforced Plastics，简称 CFRP），分为高强度型与高弹性模量型。高强度型碳纤维的抗拉强度是普通钢材的 10 倍多，弹性模量与钢材相近或略高。高弹性模量型碳纤维的弹性模量是钢材的 $1.8\sim3$ 倍，强度则是钢材的 $6\sim8$ 倍。

（2）芳纶纤维增强复合材料（Aramid Fiber Reinforced Plastics，简

称 AFRP),也分为高强度型和高弹性模量型。与碳纤维相比较,芳纶纤维弹性模量很低,但延伸率远大于碳纤维。

(3)玻璃纤维增强复合材料(Glass Fiber Reinforced Plastics,简称GFRP),其与高强度芳纶纤维的力学特性几乎相同。

在所有这些纤维增强复合材料中,碳纤维增强复合材料是迄今为止应用于土木工程领域最早、技术最成熟,也是使用量最大的一种高科技材料。它以其优异的性能,在众多纤维增强复合材料中脱颖而出,现已应用于许多建筑加固修复中,成为土木工程应用的一个热点。它是以聚丙烯腈(PAN)或中间沥青(MMP)纤维为原料经高温碳化而成,碳化程度决定着诸如弹性模量、密度与导电性等性能。它能适应现代工程结构向大跨、高耸、重载、高强和轻质发展以及承受恶劣条件的需要,符合现代施工技术的工业化要求,因而正被越来越广泛地应用于桥梁、各种民用建筑,以及海洋和近海、地下工程结构中。

1.3.2 CFRP 的特点

现在广泛应用于混凝土结构加固技术中的 CFRP 有以下特点:

(1)适用范围广。CFRP 可以随意裁剪,且不会影响到原结构的形状、外观。可用于建筑结构各个部位的加固与修复,施工完成后,在后续的使用中无须维护,使用周期长,即使纤维布有局部损坏,也可在不损坏原结构的基础上再次快速修复。

(2)施工方便。在施工过程中,不必使用大型的机械设备,且不用湿作业或明火作业。施工简单、方便、安全,效率高,经济性好。

(3)强度高。CFRP 的密度低于钢材的 1/5,但强度却是钢材的 9～10 倍;在使用后,对于建筑结构的自重、尺寸都不会造成很大的改变。

(4)抗疲劳性强。一般来说,金属的抗疲劳强度是其拉伸强度的 40%～50%,而 CFRP 能达到 70%～80%。

(5)耐久性能良好。CFRP 具有良好的化学稳定性能,能够大大提高建筑物的耐腐蚀性。试验研究表明,CFRP 的应用能够有效地防御酸、碱、盐等的腐蚀。

1.4　CFRP 加固的流程及施工控制要点

1.4.1　CFRP 加固施工流程

将 CFRP 加固技术应用于建筑工程施工中，首先就得根据已经设计好的施工方案操作，准备好施工所需材料，如专用滚筒、刮板、底胶的主要配置材料、粘贴胶的配制材料、剪刀以及角向磨光机等。随后便可根据施工安全规程要求进行施工。在搭设脚手架的时候，应以方便施工为前提，以此才可保证施工过程的安全性与高效性。

（1）卸荷

在加固过程中，如果有荷载的存在，会使结构新旧部分不能共同充分发挥作用，特别是当结构承受的力较大时，对于那些以受压和受剪为主的构件，一般都会出现原结构构件和后加固构件先后破坏的模式，导致加固不能达到人们想要的效果，更有甚者根本不能起到加固作用。如果加固时先对构件进行卸载处理，应力应变滞后就会改善，破坏时原有构件和新加部分就能够更好地发挥作用，达到预想的加固效果。因此 CFRP 加固技术在建筑工程中应用的第一步就是卸荷。卸荷完成后才可以进行基底处理。

（2）混凝土基面处理

首先，如果建筑物的混凝土表层出现空鼓、蜂窝、腐蚀劣化及剥落等现象，就应彻底去除。如果面积比较大，还应使用环氧砂浆进行修复。对于裂缝部位，需要进行全封闭处理。

其次，对于混凝土表面的污物，需要使用混凝土角磨机与砂纸除去，保证建筑物构件整体平面的平整性。如果出现凹凸，就需要打磨。

最后，为保证混凝土表面干燥，应使用吹风机进行吹扫。底胶应使用酚醛树脂（phenol formal dehyde resin，PF）胶，且主剂与固化剂的比例要得当，必须精确测量，根据现场实际温度决定使用量。使用期间，还要严格控制时间，并使用电动搅拌器均匀搅拌。通常情况下，此项操作需要在 1h 内完成,随后需要使用滚筒刷均匀地在混凝土表层涂刷底胶,在固化 6～24h 后,便可进行下一程序操作。

(3)涂底胶

底胶的主剂和固化剂按规定的比例准确称量,均匀慢速搅拌,并在可使用的时间内用完;涂底胶前必须将基面清理干净,并保持干燥;涂刷必须均匀,底胶手指触感干燥后再进行下一道工序。CFRP 加固技术应用期间,对于混凝土表面与模板不平整的位置,应使用聚乙烯(polyethylene,PE)胶填平。在填平处理的时候,特别需要注意转角处圆弧的处理,根据程序操作后,还要注意使用 PE 胶修补工艺。

(4)粘贴面修整

整平材料必须按规定比例进行调配。修整时应进行多次找补确保坑凹处填实填满,不得有气泡,干燥后进行下一道工序。表面有毛刺时用砂纸打磨平整。

(5)贴碳纤维布(片)

由于工作空间和施工经验的差别,试验中所用碳纤维布的下料长度要根据实际情况来选定,但是除有特殊需求时,碳纤维布长度应能够控制在 3m 以内为最佳。如果存在需要搭接的情况,搭接长度也要按照具体情况处理,但是不宜低于 15cm。

按照设计要求确定完下料长度后,再按照碳纤维布使用说明书中的施工工艺配制相应的浸渍树脂,配制时要保证周围混凝土无灰尘等杂质浸入到树脂中。用专用的刷子将树脂涂抹在粘贴面处,并且当遇到搭接处和转角处时要在这些地方适当地多涂刷浸渍树脂。

把碳纤维布粘贴在相应的粘贴面后,为了除去碳纤维布下的气泡,要用专门的滚筒或者是辊子顺着碳纤维布方向多次滚动挤压。粘贴好碳纤维布后要放置 30min,防止出现浮起和错动现象,如果出现上述现象,要及时地进行处理。如果要求粘贴两层,应按照以上步骤重复。最后要再涂抹一层浸渍树脂在碳纤维布表面。

(6)防护涂层

施工最后对碳纤维布抹丙乳砂浆进行防护处理,防护材料与碳纤维布之间要保证可靠地粘结。

（7）养护

粘贴好碳纤维布后要进行养护处理，应该采用聚乙烯制作模板进行养护，养护时间应该大于 24h。为了能使碳纤维布达到设计的强度，养护时间必须得到保证，例如，当温度大约为 10℃的时候养护时间应该在 14d 左右，当温度大约为 20℃的时候养护时间就应该在 7d 左右，无论怎样，要提供合理的养护时间以保证碳纤维布有足够的强度。

（8）表面防护处理

表面防护处理可以有效地避免加固材料受到损伤，能够有效地保证建筑物加固后的正常使用，因此，在加固表面进行防护处理是非常有必要的。可以通过在粘贴面涂抹砂浆等措施保证胶的耐久性和防火性。

1.4.2　CFRP 加固施工要点

将 CFRP 加固技术应用于建筑工程中时，需要对系统性的工程有一个整体认识。应根据建筑加固施工的实际情况，细致规划加固所需材料与具体位置，并设计好图纸。需要注意的是，在实际操作中，所有的工序处理都应符合相关标准。所有进场材料，包括碳纤维材料和胶结材料，必须符合质量标准，并具有出厂产品合格证，符合工程加固补强设计要求。为了防止碳纤维材料受损，在碳纤维布片材运输、储存、裁切和粘贴过程中，严禁受弯折，材料不得经受日晒和雨淋，胶结材料应阴凉密闭储存。各工序的施工质量必须由技术人员负责指导、监督，每一道工序完成后提请技术人员检查、认可后，才能进行下一道工序。底层涂料应涂刷均匀，不得漏涂，严禁在不适合的气温条件下施工，添加溶剂稀释后的涂料应在规定时间内用完。

具体来讲，建筑工程在应用 CFRP 加固技术的时候，需要严格控制，使各项数据符合相关要求。碳纤维布片材实际粘贴面积应大于设计面积，位置偏差不应超过 100mm。施工操作的时候需要严格检查碳纤维布片材与混凝土之间的粘贴质量。在此期间，可使用小锤轻轻敲击或手压碳纤维布表面。碳纤维布粘贴的过程中，总有效粘贴面积不应低于 95％。在碳纤维布空鼓面积尚未达到 100cm^2 时，可使用针管注胶的方法进行修补。同时,还应注意处理粘贴的表面,严格按照规定的配合比配置胶,并搅拌均匀。在 CFRP 加固技术处理的时候,碳纤维布的构造必须符合国家标准对混凝土结构加固的相关规定,并控制施工现场的温度。在使用胶前,应将温度控制在 50℃ 以内,但不应低于 30℃,施工现场的温度不应在零下。冬天温度相对比较低,搅拌底胶与粘贴胶的时候,应有意识延长搅拌时间,可使用电炉、水浴或碘钨灯来升高温度。需要注意的是,为保证粘贴质量,不同季节、不同温度条件下,应使用不同型号的粘贴树脂,这样才能对树脂施工的可操作时间和固化时间进行有效控制。对施工质量的控制要把握以下要点:

(1)加固材料必须有碳纤维布及其配套胶生产厂家提供的材料质检证明,并经第三方检测机构检测符合国家标准。

(2)粘贴碳纤维布应多人密切配合,两人拉紧碳纤维布,一人用刮板从一侧边刮边贴,以保证不留气泡,粘贴紧密。

(3)每一道工序结束后进行检查并做好验收记录,如出现质量问题立即返工。施工结束后的现场验收,以评定碳纤维布与混凝土间的粘结质量为主,用小锤等工具轻敲碳纤维布表面,以回声来判断粘结效果,总有效粘结面积不低于 95%,发现小空鼓,可采用针管注胶的方法进行补救。

(4)严格控制施工现场的温度和湿度,要求施工温度在 5～35℃ 之间,相对湿度小于 7%,雨天不能施工。

1.5　CFRP 加固技术应用中仍存在的问题

碳纤维增强复合材料(CFRP)具有良好的力学性能和物理性能,其自身还具备承重大、质量轻、强度高等方面的特性,能够实现人们对改善建筑结构性能的需求,能够响应生态文明建设的号召,但是,CFRP 在土木建筑行业中发展的道路并不平坦,其在发展过程中仍旧有很多的不足,这就是这种高性能材料没有得到普及的原因。其主要缺陷主要有以下几方面:

（1）CFRP 目前尚没有相关的统一的技术标准，这就使得 CFRP 在土木建筑行业中的应用没有统一的合格标准，使工程建设出现了许多不稳定的因素。

（2）和其他建筑材料相比，CFRP 的支出成本较高。而在实际工程建设中，经济成本在很大程度上限制了碳纤维复合材料的使用，这样就造成了 CFRP 使用的局限性。

（3）在废弃材料回收方面，CFRP 还不能满足可持续发展的要求。其在土木建筑行业巨大的使用背景下，将回收工作推向了难点。因此，我们还要不断更新和完善 CFRP 的使用性能，满足可持续发展的要求。

（4）与传统结构材料相比，CFRP 各向异性性质显著，沿纤维方向的强度和弹性模量明显高于垂直于纤维的方向。由此也造成了 CFRP 在受力性能上与传统材料之间的诸多不同，如拉伸翘曲现象，这些都会造成 CFRP 结构构件分析难度的增加和设计的不确定性。

（5）CFRP 的弹性模量远低于钢材，因此，CFRP 结构构件的设计通常是由构件变形控制的。在结构分析设计中，通常需要通过 FRP 截面的多次调整来合理地与其他工程材料组合，甚至往往需要通过在 FRP 上施加预应力，以达到控制构件的变形、补偿刚度不足的目的。

（6）FRP 的层间剪切强度仅为其轴向抗拉强度的 5% 左右，而常用的金属材料的剪切强度一般能够达到对应拉伸强度的 50% 左右。这使得 FRP 的连接成为工程设计中较为突出的问题之一。在工程设计中，铆接、栓接和粘接等都是常见的 FRP 结构构件的连接方法，但无论采用何种连接方式，连接的部位都较容易成为整个构件中最为薄弱的位置。所以，在各类 FRP 结构构件的设计中，在重视 FRP 连接设计的同时，应尽量做到减少连接部位的出现。

（7）相对而言，CFRP 的耐冲击性比较差，容易受损，如果是在强酸环境下容易发生氧化作用，同时金属复合会产生碳化与渗碳和电化学腐蚀的现象。

CFRP 有诸多不足与缺陷，在实际应用过程中需要加以注意。

参 考 文 献

[1] 周会平. 外贴碳纤维布加固受弯钢筋混凝土梁的试验研究与理论分析[D]. 武汉:武汉理工大学,2005.

[2] 吕西林. 建筑结构加固设计[M]. 北京:科学出版社,2001.

[3] 范锡盛,曹薇,岳清瑞. 建筑物改造和维修加固新技术[M]. 北京:中国建材工业出版社,1999.

[4] 建筑事故防范与处理课题组. 建筑事故防范与处理实用全书(上、下)[M]. 北京:中国建材工业出版社,1998.

[5] 张凤翻. 混凝土结构加固修补用片材的选材和使用[J]. 建筑结构,2001(3):6-8.

[6] 唐业清,万墨林. 建筑物改造与病害处理[M]. 北京:中国建筑工业出版社,2000.

[7] 赵彤,谢剑. 碳纤维布补强加固混凝土结构新技术[M]. 天津:天津大学出版社,2001.

[8] NANNI A. Fiber-reinforced-plastic(FRP) reinforcement for concrete structures:properties and applications[M]. Holand:Elsevier Science,1993.

[9] 黄南翼,张锡云,姜萝香. 日本阪神大地震建筑震害分析与加固技术[M]. 北京:地震出版社,2000.

[10] KATSUMATA H,KOBATAKE Y,TAKEDA T. A study on strengthening with carbon fiber for earthquake-resistant capacity of existing reinforced concrete columns[C]. Proceedings of the 9th World Conference on Earthquake Engineering,Vol. 7,Tokyo-Kyoto,Japan,1988:517-522.

[11] 陈小兵,李荣. FRP 加固混凝土结构的设计原则及国外设计标准[J]. 工业建筑,2001,31(4):17-18.

[12] American Concrete Institute. State-of-the-art report on fiber reinforced plastic reinforcement for concrete structures[R]. Report No. ACI440R-96,Detroit,Michigan,1996.

[13] American Concrete Institute. Guide for the design and construc-

tion of concrete reinforced with FRP bars[R]. Report No. ACI440R-01,Detroit,Michigan,2001.

[14] 李宏男,赵颖华,黄承逵.纤维增强复合材料在土木工程中的研究与应用[C].第二届全国土木工程用纤维增强复合材料(FRP)应用技术学术交流会议文集.昆明.2002,7:43-50.

[15] GANGA RAO H V S,VIJAY P V. Bending behavior of concrete beams wrapped with carbon fabric[J]. Journal of Structural Engineering, 1998,124(1):3-10.

[16] NORRIS T,SAADATMANESH H,EHSANI M R. Shear and flexural strengthening of R/C beams with carbon fiber sheets [J]. Journal of Structural Engineering,1997,123(7):903-911.

[17] ARDUINI M,TOMMASO A D,NANNI A. Brittle failure in FRP plate and sheet bonded beams[J]. ACI Structural Journal,1997,94(4):363-370.

[18] TAN K H,MATHIVOLI M. Behavior of preloaded reinforced concrete beams strengthened with carbon fiber sheets[C]. Fourth International Symposium on Fiber Reinforced Plastics Reinforcement for Reinforced Concrete Structures (Selected Presentation Proceedings),(ACI), 1999:45-50.

[19] WHITE T W,SOUDKI K A,ERKI M A. Analytical modeling of reinforced concrete beams strengthened with carbon fiber reinforced Plastics laminates subjected to high strain rates[C]. Fourth International Symposium on Fiber Reinforced Plastics Reinforcement for Reinforced Concrete Structures (Selected Presentation Proceedings) ,(ACI) , 1999:181-194.

[20] SAADATMANESH H,EHSANI M R. Fiber composite plates can strengthen concrete beams[J]. Concrete International,1990,12(3): 65-71.

[21] RITCHIE P A,THOMAS D A,LU L,et al. External reinforcement of concrete beams using fiber reinforced plastics[J]. ACI Structural Journal,1991,88(4):490-500.

[22] 曹东升,沈鑫.钢筋混凝土受弯构件粘钢加固法技术及应用[J].安徽建筑,1999(2):28-30.

［23］纪卫红.碳纤维布加固钢筋混凝土结构技术研究［D］.大连：大连理工大学,2000.

［24］李财富,贾家信,崔青堆.粘钢技术在钢筋混凝土梁加固中的应用［J］.山西建筑.2001,27(5):72-73.

［25］江见鲸.钢筋混凝土结构非线性有限元分析［M］.西安：陕西科学技术出版社,1994.

［26］吴刚,安琳,吕志涛.碳纤维布用于钢筋混凝土梁抗弯加固的试验研究［J］.建筑结构,2000,25(7):24-28.

［27］杨勇新,岳清瑞,胡云昌.碳纤维布与混凝土粘结性能的试验研究［J］.建筑结构学报,2001,22(3):36-42.

［28］叶列平,方团卿,杨勇新,等.碳纤维布在混凝土梁受弯加固中抗剥离性能的试验研究［J］.建筑结构,2003,34(2):61-65.

［29］中国工程建设标准化协会标准.碳纤维片材加固混凝土结构技术规程：CECS 146:2003(2007年版)［S］.北京：中国计划出版社,2007.

［30］PLEVRIS N,TRIANTAFILLOU T C,VENEZIANO D. Reliability of RC members strengthened with CFRP laminates［J］. Journal of Structural Engineering,1995,121(7):1037-1044.

［31］YOST J R,GROSS S P. Flexural design methodology for concrete beams reinforced with fiber-reinforced Plasticss［J］. ACI Structural Journal,2002,99(3):308-316.

［32］SAADATMANESH H,MALEK A M. Design guidelines for flexural strengthening of RC Beams with FRP plates［J］. Journal of Composites for Construction,1998,2(4):158-164.

［33］ARYA C,CLARKE J L,KAY E A,et al. Design guidance for strengthening concrete structures using fiber composite materials［J］. Engineering Structures,2002,24(7):889-900.

［34］OEHLERS D J. Development of design rules for retrofitting by adhesive bonding or bolting either FRP or steel plates to RC beams or slabs in bridges and buildings［J］. Composites Part A:Applied Science and Manufacturing(Incorporating Composites and Composites Manufacturing),2001,32(9):1345-1355.

［35］美国 ANSYS 公司. ANSYS 用户手册［Z］. 美国 ANSYS 公

司,2001.

　　[36] 江见鲸,陆新征,叶列平.混凝土结构有限元分析[M].北京:清华大学出版社,2005.

　　[37] NGO D,SCORDELIS A C. Finite element analysis of reinforced concrete beam[J]. ACI Structural Journal,1967,64(3):25-33.

　　[38] 徐芝纶.弹性力学简明教程[M].4 版.北京:高等教育出版社,2013.

　　[39] 沈聚敏,王传志,江见鲸.钢筋混凝土有限元与板壳极限分析[M].北京:清华大学出版社,1993.

2 常用 CFRP 加固混凝土结构的力学性能分析软件及建模方法

2.1 基于 ANSYS 的建模方法与流程

利用 ANSYS 进行有限元分析具有以下优点：

(1)ANSYS 具备强大的建模能力。ANSYS 建模方式灵活多样，可满足各种复杂的模型的建模需求。ANSYS 中既可通过图形界面方式(GUI)建模，又可通过命令流方式建模。由于命令流方式修改起来比较简单，可方便快捷地使用 if、do 等控制命令，大大提高了建模和求解效率，数据的保存和处理也比较方便。同时，ANSYS 可通过建立点、线、面、体等方式建立几何模型，也可通过面和体之间的布尔运算建立几何模型，然后通过几何模型建立有限元模型。ANSYS 有着强大的建模功能，还可以通过直接建立节点，然后由节点直接生成单元的方式建立有限元模型。

(2)ANSYS 具备强大的求解功能。ANSYS 具备各种有效的求解器，包括迭代法(如雅克比迭代法，N-R 迭代法等)、波前法、稀疏矩阵求解法、特征值求解法等多种高效强大的求解器，以满足各种复杂的数值计算求解需要。

(3)ANSYS 具备强大的非线性分析能力。可进行几何、材料、接触、单元非线性和几何材料双重非线性分析。

(4)ANSYS 具备强大的网格划分能力。ANSYS 可根据几何模型的特点进行自动智能网格划分并生成有限元网格，同时，也可以根据用户不同的需求，由用户自己定义网格划分类型和单元划分尺寸及形状，实现多种网格划分。

(5)ANSYS 具备强大的后处理功能。能够获得任意用户需要的节点和单元的应力、位移等数据,还可以列表输出,绘制相关曲线和图形,进行荷载工况组合,并可进行时间历程后处理分析等。

利用 ANSYS 建立有限元模型进行数值分析主要包括以下几个步骤:①单元类型的选择;②定义材料的本构关系和属性;③创建几何模型;③划分网格,定义单元尺寸和形状;⑤施加荷载和约束;⑥设定求解控制选项,进行求解。

2.1.1　CFRP 加固混凝土结构模型中材料的本构关系

2.1.1.1　钢筋的本构关系

(1)钢筋双斜线本构模型(图 2-1)

在分析钢筋的本构关系时,为简化起见,一般不考虑其流幅,这样就可以用双斜线表示其本构关系,表达式如下:

$$\sigma_s = E_s \varepsilon_s (\varepsilon_s \leqslant \varepsilon_y) \tag{2-1}$$

$$\sigma_s = f_y + (\varepsilon_s - \varepsilon_y) \tan\theta'' (\varepsilon_y \leqslant \varepsilon_s \leqslant \varepsilon_{su}) \tag{2-2}$$

式中　σ_s——钢筋的应力;

E_s——钢筋的弹性模量;

ε_s——钢筋的应变;

f_y——钢筋的屈服强度;

ε_y——与 f_y 相应的钢筋屈服应变;

ε_{su}——与钢筋极限强度相应的钢筋峰值应变。

其中,$\tan\theta'' = E_s'' = \dfrac{f_{su} - f_y}{\varepsilon_{su} - \varepsilon_y}$。本章取 $E_s'' = 0.01E_s$。

(2)钢筋理想弹塑性模型(图 2-2)

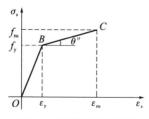

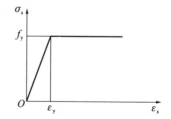

图 2-1　钢筋双斜线模型　　　　图 2-2　钢筋理想弹塑性模型

　　钢筋具有明显的屈服极限,它的单轴应力状态下应力应变关系曲线采用理想的弹塑性模型,不考虑钢筋屈服后的强度增长。

① 当 $\sigma_s \leqslant f_y$ 时,$\sigma_s = E_s \varepsilon_s$;

② 当 $\sigma_s > f_y$ 时,$\sigma_s = f_y$。

2.1.1.2　混凝土的本构关系

　　混凝土的本构关系主要有线弹性、弹塑性等。ANSYS 非线性模型中采用多线性随动强化模型(Multilinear Kinematic Hardening Plasticity,MKIN 模型),MKIN 模型较接近混凝土模型,可用于服从 Von-Mises 屈服准则的小应变的塑性分析。本章中采用的数学模型是我国《混凝土结构设计规范》规定的公式:

① 当 $\varepsilon_c \leqslant \varepsilon_0$ 时,

$$\sigma_c = f_c \left[1 - \left(1 - \frac{\varepsilon_c}{\varepsilon_0} \right)^2 \right] \tag{2-3}$$

② 当 $\varepsilon_0 < \varepsilon_c \leqslant \varepsilon_{cu}$ 时,

$$\sigma_c = f_c \tag{2-4}$$

　　其中,$\varepsilon_0 = 0.002$,$\varepsilon_{cu} = 0.0033$,$f_c = 14.3 \text{N/mm}^2$。其曲线可按照 11 组不同的 ε_c 值拟合而成,其中,第一点的应力应变之比应与输入的材料弹性模量相同。图 2-3 为混凝土的应力应变关系图。

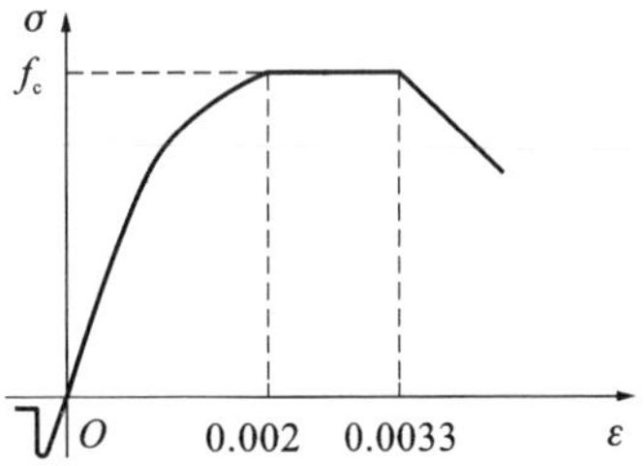

图 2-3　混凝土的应力应变关系图

　　混凝土应力应变曲线数据根据《混凝土结构设计规范》(GB 50010—2010,2015 年版)附录 C.2.4 部分确定,公式如下:

$$\sigma = (1 - d_c) E_c \varepsilon \tag{2-5}$$

$$d_c = \begin{cases} 1 - \dfrac{\rho_c n}{n - 1 + x^n} & x \leqslant 1 \\ 1 - \dfrac{\rho_c}{\alpha_c (x - 1)^2 + x} & x > 1 \end{cases} \tag{2-6}$$

$$\rho_c = \frac{f_{c,r}}{E_c \varepsilon_{c,r}} \tag{2-7}$$

$$n = \frac{E_c \varepsilon_{c,r}}{E_c \varepsilon_{c,r} - f_{c,r}} \qquad (2\text{-}8)$$

$$x = \frac{\varepsilon}{\varepsilon_{c,r}} \qquad (2\text{-}9)$$

式中　　$\varepsilon_{c,r}$——与单轴抗压强度 $f_{c,r}$ 相对应的混凝土峰值压应变；

　　　　$f_{c,r}$——混凝土单轴抗压强度代表值；

　　　　d_c——混凝土单轴受压损伤演化参数（区别于 ABAQUS 中所定义的 d_c）；

　　　　α_c——混凝土单轴受压应力-应变曲线下降段参数值。

2.1.1.3　碳纤维布的本构关系

碳纤维布的抗拉强度很高，可以达到钢筋的十几倍，本书将碳纤维布视为线弹性材料，应力应变关系为一斜线（图 2-4），没有屈服强度，只有极限抗拉强度，到达极限抗拉强度即视为破坏，表达式如下。

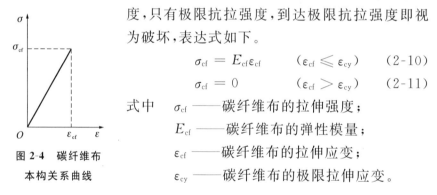

$$\sigma_{cf} = E_{cf}\varepsilon_{cf} \qquad (\varepsilon_{cf} \leqslant \varepsilon_{cy}) \qquad (2\text{-}10)$$

$$\sigma_{cf} = 0 \qquad (\varepsilon_{cf} > \varepsilon_{cy}) \qquad (2\text{-}11)$$

式中　　σ_{cf}——碳纤维布的拉伸强度；

　　　　E_{cf}——碳纤维布的弹性模量；

　　　　ε_{cf}——碳纤维布的拉伸应变；

　　　　ε_{cy}——碳纤维布的极限拉伸应变。

图 2-4　碳纤维布本构关系曲线

2.1.2　ANSYS 材料单元的选取

（1）混凝土单元的选取

本章采用 ANSYS 软件里的 Solid65 单元来模拟混凝土。Solid65 单元的几何形状和节点布置情况如图 2-5 所示。Solid65 单元模拟混凝土时可以分别模拟含有钢筋的实体模型和不含有钢筋的实体模型。此外该实体模型也能在筋类复合材料（如玻璃纤维）及地质材料（如岩石）中得到运用。Solid65 单元为六面体单元，每个角为一个节点，每个节点有三个方向的线位移，且每个节点的方向均可定义含筋情况用以模拟各个方向的钢筋。该单元可以较真实地模拟混凝土材料在受力过程中的真实情况,包括塑性和徐变引起的材料非线性、大位移引起的几何非线性、混凝土的开裂和压碎引起的复杂的非线性等多种混凝土的材料特性,更接近实际中的混凝土特性。

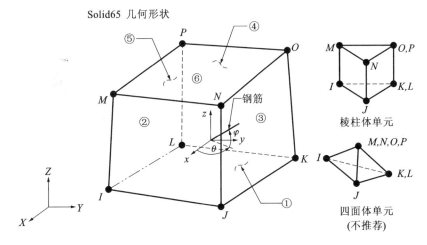

图 2-5　Solid65 单元

（2）钢筋单元的选取

对于钢筋,本章采用 SNSYS 软件常用的 Link8 杆单元来模拟。Link8 单元是一种三维杆件单元,能模拟杆件轴向方向的拉压作用。在实际工程中的桁架、缆索、连杆、弹簧等构件通常可以用 Link8 单元来模拟。Link8 单元具有两个节点,每个节点有 x、y、z 三个方向的线位移。这三个自由度,与 Solid65 单元一致,可以将 Solid65 单元与 Link8 单元共用相同的节点,不考虑混凝土与钢筋之间的粘结滑移。该单元不能承受弯矩。Link8 单元具有应力刚化、膨胀、蠕变、大应变、塑性、大变形等功能。Link8 单元的几何形状和节点布置情况如图 2-6 所示。

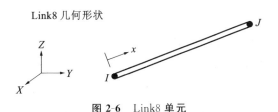

图 2-6　Link8 单元

（3）碳纤维布单元的选取

CFRP 是典型的正交各向异性材料，在其中的一个方向弹性模量和抗拉强度很大，厚度很薄，在平面外刚度很低，工程中常用 Shell41、Shell63 等单元类型来模拟碳纤维布，其中 Shell41 单元是三维单元，具有膜的强度，但是平面外弯曲强度较低，不能模拟弯曲，即对于壳体没有弯曲强度。该单元具有四个节点，每个节点有沿 x、y、z 三个方向的平动自由度。Shell63 单元相比于 Shell41 单元，它既能模拟弯曲性能又能模拟膜的强度，因此它可以承受内荷载和法向荷载，shell63 单元有四个节点，每个节点有 6 个自由度，包括三个方向的平动和三个方向的转动。Shell41 单元为三维壳单元，平面内具有较好的膜强度，考虑到混凝土构件受压时，弯曲变形系数较小，碳纤维布承受的法向荷载较小，为简化模型起见，可以予以忽略，所以本章采用 Shell41 单元来模拟碳纤维布即可满足要求。Shell41 单元的几何形状、节点位置和单元坐标系如图 2-7 所示。

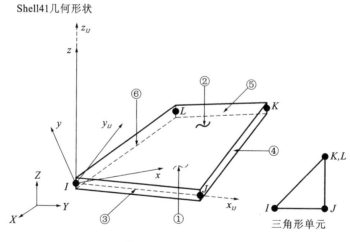

图 2-7　Shell41 单元

（4）刚性垫块单元的选取

为了避免支座以及加载点应力集中，在梁端施加荷载的地方布置钢性垫块。根据圣维南原理，在这些位置布置的刚性垫块可以减少应力集中。刚性垫块单元选用 Solid45 单元。Solid45 单元可用于构造三维实体结构,是一个八节点的六面体实体单元,每个节点有三个平动自由度。该单元具有塑性、应力强化、大变形和大应变等能力。其几何图形如图 2-8 所示。

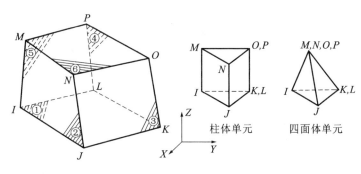

图 2-8 Solid45 单元

2.1.3 ANSYS 有限元模型的网格划分

划分网格是建立有限元模型一个重要的环节,它要求考虑的因素较多,需要的工作量较大,所划分的网格形式对计算精度和计算规模将产生直接影响。为建立精确的有限元模型,这里介绍划分网格时应考虑的一些基本因素和原则。

(1)网格数目

网格数目的多少将影响计算结果的精度和计算规模的大小。一般来讲,网格数目增加,计算精度会有所进步,但同时计算规模也会增加,所以在确定网格数目时应权衡两个因素,进行综合考虑。

(2)网格疏密

网格疏密是指在结构不同部位采用大小不同的网格,这是为了适应计算数据的分布特点。在计算数据变化梯度较大的部位(如应力集中处),为了较好地反映数据变化规律,需要采用比较密集的网格。而在计算数据变化梯度较小的部位,为减小模型规模,则应划分相对稀疏的网格。这样,整个结构便表现出疏密不同的网格划分形式。

(3)单元阶次

很多单元都具有线性、二次和三次等形式,其中二次和三次形式的单元称为高阶单元。选用高阶单元可进一步提高计算精度，由于高阶单元的曲线或曲面边界能够更好地逼近结构的曲线和曲面边界，且高次插值函数可更高精度地逼近复杂场函数，所以当结构外形不规则、应力分布或变形很复杂时可以选用高阶单元。但高阶单元的节点数较多，在网格数目相同的情况下由高阶单元组成的模型规模要大得多，因此在使用时应权衡考虑计算精度和时间。

（4）网格质量

网格质量是指网格几何外形的合理性。网格质量的好坏将影响计算精度。质量太差的网格甚至会导致计算中止。直观上看，网格各边或各个内角相差不大，网格面不过分扭曲，边节点位于边界等分点四周的网格质量较好。网格质量可用细长比、锥度比、内角、翘曲量、拉伸值、边节点位置偏差等指标度量。

（5）网格分界面和分界点

结构中的一些特殊界面和特殊点应分为网格边界或节点，以便定义材料特性、物理特性、荷载和位移约束条件。即应使网格形式满足边界条件特点，而不应让边界条件来适应网格。常见的特殊界面和特殊点有材料分界面、几何尺寸突变面、分布荷载分界线（点）、集中荷载作用点和位移约束作用点等。

（6）位移协调性

位移协调是指单元上的力和力矩能够通过节点传递给相邻单元。为保证位移协调，一个单元的节点必须同时也是相邻单元的节点，而不应是内点或边界点。相邻单元的共有节点具有相同的自由度性质。否则，单元之间须用多点约束等式或约束单元进行约束处理。

（7）网格布局

当结构外形对称时，其网格也应划分为对称网格，以使模型表现出相应的对称特性（如集中质量矩阵对称）。不对称布局会引起一定误差。

网格可分为自由网格与对应网格。对于 3D 结构而言，对应网格化时，体积必为六面体，相对应的线段元素数目一定要相等，所形成元素也是六面体，反之，自由网格化时，任何形状的体积皆可，元素形状一定为四面体的三角锥。对应网格的实体模型建立较复杂,必须不违反网格原则。自由网格在建立实体模型时,比较容易,无较多限制,所得到的元素较多,执行分析工作时间较长。

由于自由网格与对应网格存在差异,故在建立实体模型时,必须先行规划如何进行网格化,以便在建立实体模型时,不违反其规则。

2.1.4　ANSYS 软件中荷载步的设置

ANSYS 中将荷载分为六大类:自由度约束、集中力荷载、面荷载、体荷载、惯性荷载以及耦合场荷载。

为获得模型分析的正确计算结果,就要对施加的荷载做相关的配置,在单荷载步系统中,荷载通过一个荷载步施加即可满足求解。而在实际大多数的有限元模型分析中,荷载的加载为多荷载步,需要多次施加不同的荷载步才能满足要求。

对于多荷载步的问题,有两种可行的方法:

①顺序求解法。先加载第一个荷载步,然后求解。接着加载第二个荷载步,再求解。以此类推。

②多荷载步文件法。为每一个荷载步设置一个荷载文件,然后让ANSYS 自动依次读取每个荷载步文件并求解。

荷载子步数可以根据模型的迭代收敛曲线变化情况进行设置:如果位移范数曲线在收敛曲线上部偏移很大,则可以考虑加大子步数;如果位移范数曲线长时间处于收敛曲线上部,且曲线上下跌宕幅度较小,则可以考虑减少子步数。同时,为提高计算收敛性,可以采用多荷载步的方法对加载过程进行细化处理。

2.1.5　ANSYS 软件材料破坏准则

利用 ANSYS 软件进行混凝土结构的非线性有限元分析时,除了要设置各材料单元的本构关系外,还应设置各材料的破坏准则。从理论上讲,破坏准则和由本构关系确定的屈服准则是不同的,例如,在高压力作用下,混凝土结构会产生一定的塑性变形,表现为屈服,但没有破坏。而工程上又常将二者等同,其原因是混凝土结构不容许有较大的塑性变形,且混凝土材料也没有明显的屈服点。因此,部分材料的破坏准则的设置可参考其本构关系。

(1)混凝土破坏准则

对于混凝土的研究是相对较早的,现在对于混凝土的破坏准则已经有很多种。古典的破坏准则有:最大应力准则、最大应变理论、Mohr-Coulomb 内摩擦准则与 Drucker-Prager 破坏准则、八面体剪应力理论(the octahedral shear stress theory)、Von Mises 屈服准则。近代和现在的破坏准则有:Ottenson 四参数准则(1977)、William-Warnke 五参数准则(1974)、Bresler-Pister 三参数强度准则(1958)、Hsich-Ting-Chen 四参数强度准则(1982)、Kotsovos 五参数强度准则(1979)、Podgorski 五参数准则(1985)、过镇海五参数准则(1996)等。

本书混凝土破坏准则采用 William-Warnke 五参数准则。其破坏准则如下:

$$\frac{F}{f_c} - S \geqslant 0$$

式中　F——关于三轴向主应力 σ_1,σ_2,σ_3 的函数;

　　　f_c——单轴抗压强度;

　　　S——主应力 σ_1,σ_2,σ_3 与单轴抗拉强度 f_t、单轴抗压强度 f_c、双向抗压强度 f_{cb} 和两个三轴抗压强度 f_1、f_2 定义的破坏面。其中 f_1、f_2 一般按实验数据设置。

当 $0 \geqslant \sigma_1 \geqslant \sigma_2 \geqslant \sigma_3$ 时,混凝土处于三向受压状态,会出现混凝土被压碎现象;当 $\sigma_1 \geqslant 0 \geqslant \sigma_2 \geqslant \sigma_3$ 时,混凝土处于拉压状态,这个时候与主拉应力 σ_1 垂直的平面会出现混凝土开裂现象;当 $\sigma_1 \geqslant \sigma_2 \geqslant 0 \geqslant \sigma_3$ 时,混凝土极限抗拉强度与主压应力成反比,此时将不采用 William-Warnke 准则,同样,与拉应力垂直的平面上混凝土也会出现开裂现象;当 $\sigma_1 \geqslant \sigma_2 \geqslant \sigma_3 \geqslant 0$ 时,与拉应力垂直的平面上都会出现裂缝。

(2)钢筋破坏准则

由前面的本构关系描述可知,在本书中钢筋采用的是线弹性强化弹塑性模型。

①当 $\varepsilon_s \leqslant \varepsilon_{sy}$ 时,钢筋处于弹性阶段,则 $\sigma_s = \varepsilon_s E_s$;

②当 $\varepsilon_{sy} < \varepsilon_s \leqslant \varepsilon_{su}$ 时,钢筋处于强化阶段,则 $\sigma_s = f_y + (\varepsilon_s - \varepsilon_{sy}) E_T$;

③当 $\varepsilon_s > \varepsilon_{su}$ 时,钢筋已经超过了极限状态,从而认定被拉断,则 $\sigma_s = 0, E_{s,i} = 0$。

其中: f_y 为钢筋屈服强度, E_s 为钢筋弹性阶段弹性模量, E_T 为钢筋强化阶段弹性模量, ε_{sy} 为钢筋屈服应变, ε_{su} 为钢筋极限应变。

这里,我们可以将 $\varepsilon_s > \varepsilon_{sy}$ 设置为钢筋的材料破坏准则。

（3）碳纤维布破坏准则

同样地,碳纤维布应用的是理想的线弹性模型。

①当 $0 \leqslant \varepsilon_{cf} \leqslant \varepsilon_{cfu}$ 时,碳纤维布处于弹性阶段,则: $\sigma_{cf} = \varepsilon_{cf} E_{cf}$;

②当 $\varepsilon_{cf} > \varepsilon_{cfu}$ 时,碳纤维布应力应变关系已经超过了极限状态,这个时候可以认为碳纤维布被拉断,丧失了承载能力,则: $\sigma_{cf} = 0, E_{cf} = 0$。

其中: σ_{cf} 为碳纤维布应力, ε_{cf} 为碳纤维布应变, E_{cf} 为碳纤维布弹性模量, ε_{cfu} 为碳纤维布极限应变。

2.1.6 粘结滑移

混凝土结构 CFRP 加固模型是由不同物理力学性质的材料组成的复杂模型结构。在外加应力作用下,不同材料之间会产生粘结滑移,在利用 ANSYS 软件进行有限元分析时应适当考虑。在结构模型中,产生的粘结滑移主要有两类:一种是钢筋混凝土之间的粘结滑移,另一种是钢筋混凝土与 CFRP 之间的粘结滑移,显然,后者产生的现象更明显,也更容易在工程实践中产生,因此本书重点考虑了对后者的分析。

CFRP-混凝土界面模型有两种,第一种粘结强度模型,该模型主要通过直拉试验测得,但只能给出极限剥离承载力,这一特点使其无法适用于有限元模拟;第二种是粘结滑移模型,它能够描述整个剥离过程。

2005 年清华大学的陆新征等在基于细观单元的有限元模型中对 FRP-混凝土的界面行为进行了仿真分析,由式（2-12）与式（2-13）出发,继而给出了精确模型、简化模型、双线性模型三种模型（图 2-9）。

$$\tau = E_f t_f \frac{d\varepsilon_f}{dx} \tag{2-12}$$

式中　E_f ——FRP 的弹性模量;

　　　t_f ——FRP 的厚度;

　　　ε_f ——FRP 的应变。

$$s = \int \varepsilon_f dx \tag{2-13}$$

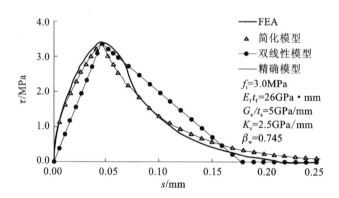

图 2-9　细观有限元模型得到的粘结滑移曲线

精确模型如下式:

$$\tau = \tau_{max} \left[\sqrt{\frac{s}{s_0 A} + B^2} - B \right] \quad (s \leqslant s_0) \tag{2-14}$$

$$\tau = \tau_{max} e^{-\alpha(s/s_0 - 1)} \quad (s > s_0) \tag{2-15}$$

式中,A、B 为系数,$A = (s_0 - s_e)/s_0$,$B = s_e/[2(s_0 - s_e)]$。

$$\tau_{max} = \alpha_1 \beta_w f_t \tag{2-16}$$

$$s_0 = \alpha_2 \beta_w f_t + s_e \tag{2-17}$$

式中,$s_e = \tau_{max}/K_0$ 为界面滑移量 s_0 中的弹性部分;β_w 为 FRP-混凝土宽度影响系数。粘结滑移曲线的初始刚度 K_0 为表层混凝土剪切刚度与胶层剪切刚度的串联刚度,表达式为

$$K_0 = K_a K_c/(K_a + K_c) \tag{2-18}$$

式中,K_a 为胶层的剪切刚度,$K_a = G_a/t_a$,G_a 和 t_a 分别为胶层的弹性剪切模量和厚度;K_c 为参与剪切变形的表层混凝土的剪切刚度,$K_c = G_c/t_c$,G_c 为混凝土的弹性模量,t_c 为界面下参与剪切变形的表

层混凝土的有效厚度,该模型中取值为 5mm。

将式(2-14)积分,得到上升段的界面破坏能

$$G_f^a = \int_0^{s_0} \tau \mathrm{d}s = \tau_{max} s_0 \left[\frac{2A}{3} \left(\frac{1+B^2 A}{A} \right)^{3/2} - B - \frac{2}{3} B^3 A \right] \quad (2\text{-}19)$$

根据细观有限元结果,界面总破坏能 G_f 可以表示为

$$G_f = \alpha_3 \beta_w^2 \sqrt{f_t} f(K_a) \quad (2\text{-}20)$$

式中 $f(K_a)$ 是一个用来考虑胶层的刚度对界面剥离破坏能的影响的函数。对于普通胶层,胶层刚度的影响并不显著,文章中建议 $f(K_a)$ 取值为 1。

α 表达式为

$$\alpha = \tau_{max} s_0 / (G_f - G_f^a) \quad (2\text{-}21)$$

陆新征对试验结果回归统计给出宽度影响系数 β_w。最后确定 $\alpha_1 = 1.50, \alpha_2 = 0.0195, \alpha_3 = 0.308$,宽度影响参数 β_w 为

$$\beta_w = \sqrt{\frac{2.25 - b_f/b_c}{1.25 + b_f/b_c}} \quad (2\text{-}22)$$

精确模型具有以下特点:

(1)该模型包括上升段与下降段,当滑移非常大时粘结应力趋于零。

(2)曲线的初始刚度远高于达到峰值粘结应力 τ_{max} 时的割线刚度。

(3)峰值粘结应力 τ_{max} 和与其相对应的位移 s_0 随混凝土抗拉强度 f_t 的增大基本呈线性增长,而界面破坏能 G_f 则与 $\sqrt{f_t}$ 呈线性关系。

简化模型表达式如下所示。

$$\tau = \tau_{max} \sqrt{\frac{s}{s_0}} \quad (s \leqslant s_0) \quad (2\text{-}23)$$

$$\tau = \tau_{max} e^{-\alpha(s/s_0 - 1)} \quad (s > s_0) \quad (2\text{-}24)$$

$$s_0 = 0.0195 \beta_w f_t \quad (2\text{-}25)$$

$$\alpha = \frac{1}{\dfrac{G_f}{\tau_{max} s_0} - \dfrac{2}{3}} \quad (2\text{-}26)$$

$$G_f = 0.308\beta_w^2 \sqrt{f_t} \tag{2-27}$$

通过保持总破坏能 G_f 和峰值粘结应力处的坐标 (τ_{max}, s_0) 不变，可进一步简化成双线性模型

$$\tau = \tau_{max} \frac{s}{s_0} \quad (s \leqslant s_0) \tag{2-28}$$

$$\tau = \tau_{max} \frac{s_f - s}{s_f - s_0} \quad (s_0 < s \leqslant s_f) \tag{2-29}$$

$$\tau = 0 \quad (s > s_f) \tag{2-30}$$

其中

$$s_f = 2G_f / \tau_{max} \tag{2-31}$$

在本书后面章节介绍的相关试验与理论计算结果的对比中可以发现：计算值与试验结果的误差性将会主要表现在碳纤维布的剥离、构件之间的滑移以及材料的不均匀性等因素上。

2.2　基于 ABAQUS 的建模方法与流程

ABAQUS 是一款大型通用型的有限元分析软件，它不但在求解线性问题时表现很好，在求解非线性问题时也同样表现得非常出色。其包含的单元类型种类非常齐全，包含的材料类型也非常多，能够对大量的实际材料进行仿真分析。ABAQUS 除了可以分析结构领域的问题，还可以对诸如岩土、热力学等诸多领域的各类问题进行仿真分析。

ABAQUS 的计算模块一般可以分成 Standard 与 Explicit 求解模块。Standard 模块主要用于分析静力问题，也可以分析包含动力在内的其他问题，功能较全且适用面比较广。该模块采用了隐式计算方法，如果建模适当可以给出较高精度的结果，求解比较稳定。

ABAQUS/Explicit 模块主要被用来分析动力问题，比如荷载持续非常短或者仅在瞬间就能完成加载的情况。它还可以被用来分析准静力问题，由于在该模块中采用了显式计算方法，所以没有收敛问题，并且在求解单元数目庞大的模型时，所需要的计算时间要比

Standard 模块少很多，因此，在求解这一问题时它是有优势的。但是求解的结果有时并不准确甚至会给出完全无意义的结果，这时候就需要使用者自己来判断。美国西北大学的 Belytschko 教授曾给出这样的建议："如果加载的时间远比研究对象的自振周期要小时应该选择显式计算方法，如果加载的时间远比研究对象的自振周期要大时则应选择隐式计算方法。"该模块还用来分析断裂失效问题，这是 Standard 模块所无法解决的，该模块在求解过程中允许单元移除，在单元失效时可以及时将已经破坏的单元移除。对于高度非线性问题，隐式计算方法是很难收敛的，这时应该考虑选择显式算法，但同时要注意对结果合理性的判断。

在分析具体问题时，应结合问题本身的特点以及所要达到的目标来合理选择求解模块。

2.2.1　ABAQUS 软件钢筋混凝土结构有限元模型

钢筋混凝土结构包含钢筋与混凝土两种材料，一般情况下在基于有限元方法的软件中有分离式、整体式及组合式 3 种方法来建立混凝土结构有限元模型。下面介绍各种建模方式的特点以及它们之间的区别与联系。

（1）组合式模型

选择该方式建模时，通常有等参单元与分层组合式两种方可供选择。分层式组合方式是在一定的截面假定下把构件沿高度方向划分成一些矩形形状的条状层，把其中一些定义成钢筋，其余的定义成混凝土。分层组合式中可以根据实际研究对象的边界条件与本构关系把单元的刚度矩阵（包含弯曲刚度与轴向刚度）推导出来。当不关心模型局部应力分布且不需考虑混凝土与钢筋的界面行为时可选择这种模型。此类建模方式被广泛应用于以杆为主的结构体系中，特别是钢筋混凝土壳与板构件。

在组合式模型中混凝土会被分成一些条状层，对处于相同相对混凝土高度处的钢筋则被分到相同的钢筋条层内。对于普通受弯构件，把混凝土分成 7 到 10 层计算的曲率与弯矩的关系已能达到分析需要。在计算时，所有条带中的应力被假定是均匀分布的。

（2）分离式模型

选择分离式模型建模时，钢筋与混凝土在该模型中以两种单元的形式出现在同一个有限元模型中。以二维问题为例，这种情况下混凝土的几何模型是一个面，一般使用四边形或者三角形来划分网格，钢筋如果也采用这种形式，那么单元数量将会非常庞大，然而钢筋的实际形状其实呈细而长的杆状，在一般研究分析中并不会考虑它的抗剪强度，因此一般使用杆单元来模拟，以这种方式建立的钢筋模型所包含的钢筋单元的总量能够控制在一个较小的范围内，这将会在很大程度提高求解的速度，满足仿真分析的经济要求。采用这种方式建模时还可以在混凝土单元与钢筋单元之间使用连接单元连接起来以实现混凝土-钢筋界面行为的仿真分析，但这对计算机的性能要求很高。

由于钢筋与混凝土的力学性能相差较大，而且基于对 ABAQUS 中提供的混凝土本构模型的功能，本章选择建立分离式模型，但没有在钢筋与混凝土之间加入连接单元。

（3）整体式模型

在整体式模型中单元被视作是均匀连续的，钢筋散布在其中，然后可以通过式（2-32）求得刚度矩阵。与分离式不同而与组合式相同的是它所求得的刚度矩阵同时包含了钢筋与混凝土单元的贡献。区别于组合式的是它是一次完成刚度矩阵的求解，而不是先后计算钢筋与混凝土单元各自对整体的贡献再进行组合。可采用式（2-32），但式中弹性矩阵应改成两部分的组合，具体见式（2-33），式中 $\boldsymbol{D}_c$ 为混凝土的刚度矩阵，$\boldsymbol{D}_s$ 为等效分布的钢筋的刚度矩阵。

$$\boldsymbol{K} = \int_v (\boldsymbol{B}^\mathrm{T}\boldsymbol{D}_c\boldsymbol{B} + \boldsymbol{B}^\mathrm{T}\boldsymbol{D}_s\boldsymbol{B})\mathrm{d}v \qquad (2\text{-}32)$$

$$\left.\begin{array}{l} \boldsymbol{D} = \boldsymbol{D}_c + \boldsymbol{D}_s \\ \boldsymbol{K} = \int \boldsymbol{B}^\mathrm{T}\boldsymbol{D}\boldsymbol{B}\mathrm{d}v \end{array}\right\} \qquad (2\text{-}33)$$

2.2.2　ABAQUS 的混凝土本构模型

ABAQUS 自带的专门应用于混凝土材料的本构模型包括三种：

混凝土弥散开裂模型、混凝土开裂模型、混凝土损伤塑性模型。

ABAQUS 混凝土弥散开裂模型能够实现符合下述特点的问题的仿真分析：①材料在以受压为主的情况下将会以各向同性硬化的特性的屈服准则为屈服条件，并使用开裂侦测面来判断材料出现裂缝的位置；②混凝土弹性阶段的受力特征通过指定初始弹性模量来表现；③能够实现任何结构中所有形状的混凝土构件以及各种构件中的混凝土部分的仿真分析；④出现开裂之后材料的弹性力学行为通过弹性损伤来定义并表现其后续受力性能；⑤既能够实现对普通钢筋混凝土的仿真分析，还能够模拟素混凝土的受力行为；⑥适合模拟单调加载条件下的处于围压较低状态时的混凝土受力问题。

ABAQUS 混凝土开裂模型的主要功能有以下几种：①能够实现混凝土单元在加载过程中失效后退出工作的模拟；②在整个受压过程中混凝土一直处于弹性阶段；③如果材料真实受压行为符合始终是线弹性的这一假设，则在使用本模型来模拟脆性材料时将得到非常贴近实际的结果；④能够实现各类具有明显脆性特征的物体的仿真分析；⑤既能够实现对普通钢筋混凝土的仿真分析，还能够模拟素混凝土的受力行为；⑥能够实现任何结构中的混凝土的仿真分析；⑦混凝土开裂之前的受力特征也是线性的。

ABAQUS 本身所提供的损伤塑性模型既可在隐式分析中使用又能在显式分析中使用，能够完成下列仿真问题：①假定材料在未进入塑性阶段之前是线弹性的并且是各向同性的；②能够实现加载过程中所受损伤不可恢复这一特征的仿真分析；③在材料进入塑性阶段之后用户通过指定损伤因子和受压与受拉特征共同决定本阶段的真实路径；④能够灵活控制循环加载过程中突然卸载时刚度所能达到的恢复水平；⑤软件本身提供的 Rebar 钢筋单元可以在本模型中使用；⑥能够实现任何结构中所有形状的混凝土构件以及各种构件中的混凝土部分的仿真分析；⑦如果材料的行为与加载速度相关，模型能够实现这一问题的仿真；⑧既能够实现对普通钢筋混凝土的仿真分析，又可以模拟素混凝土的受力行为；⑨选择隐式算法时，用户可选择引入黏塑性规则化来改善混凝土的收敛性，采用这种方法可以在很大程度上解决求解过程中所遇到的收敛问题;⑩能够实现不论是在单调还是周期加载条件下围压处在低水平时的问题的仿真分析。

根据 ABAQUS 提供的三种混凝土本构模型的适用范围和功能特点,本章选择收敛性较好的损伤塑性模型来对本章的问题做仿真分析。

2.2.3　损伤塑性模型的单轴受力行为

(1)单轴循环荷载下的力学行为

混凝土在承受循环荷载时的力学行为非常复杂,由于混凝土的抗拉强度很低,所以发生开裂的荷载非常小,而在混凝土发生开裂以后再卸载时很难实现裂缝的闭合,尤其本模型的混凝土力学行为是塑性的,本章在计算时发现在等效塑性应变较小(接近抗拉强度对应的开裂应变)时几乎不可能收敛。

如果 E_0 代表混凝土未受损时的刚度,发生损伤之后卸载时材料刚度表达式见式(2-34)。

$$E = (1-d)E_0 \tag{2-34}$$

混凝土受力行为表现为受拉($\sigma_{11} > 0$)或受压($\sigma_{11} < 0$),在承受循环荷载条件下,损伤因子 d 与受拉损伤因子 d_t、受压损伤因子 d_c 之间的关系式可通过式(2-35)来表达

$$1-d = (1-s_t d_c)(1-s_c d_t) \tag{2-35}$$

式中,s_t 与 s_c 是刚度发生损伤之后应力正负号改变(拉压转换)时与混凝土的刚度恢复程度有关的因子,见式(2-36)。

$$\begin{cases} s_t = 1 - \omega_t r^*(\sigma_{11}), & 0 \leqslant \omega_t \leqslant 1 \\ s_c = 1 - \omega_c [1 - r^*(\sigma_{11})], & 0 \leqslant \omega_c \leqslant 1 \end{cases} \tag{2-36}$$

其中,

$$r^*(\sigma_{11}) = H(\sigma_{11}) = \begin{cases} 1, \sigma_{11} > 0 \\ 0, \sigma_{11} < 0 \end{cases} \tag{2-37}$$

ABAQUS 中用户可以直接对 ω_t 与 ω_c 进行定义,它们的大小决定着应力变向(不是宏观荷载的变向而是材料内部应力正负号发生改变)时材料刚度的恢复程度,图 2-10 示意了混凝土由受拉向受压转变

时各种条件下刚度的恢复情况。

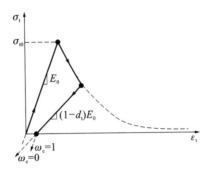

图 2-10　压缩刚度恢复参数 ω_c 影响

现在就这一问题展开详细讨论。如果一开始混凝土就受拉，没有受压，也就没有受压损伤，所以 $d_c = 0$，因此

$$1 - d = 1 - s_c d_t = 1 - [1 - \omega_c (1 - r^*)] d_t \qquad (2\text{-}38)$$

再先后来分析受拉与受压情况：

受拉（$\sigma_{11} > 0$）时，$r^* = 1$，得 $d = d_t$。

受压（$\sigma_{11} < 0$）时，$r^* = 0$，得 $d = (1 - \omega_c) d_t$，假使 $\omega_c = 1$，那么就会得到 $d = 0$，也就是说材料此刻的受压刚度即是材料未受损时的刚度，相当于全部恢复，此时 $E = E_0$；当 $\omega_c = 0$ 时，得到 $d = d_t$，此刻的受压刚度与受拉时卸载段上的刚度是相同的，也就是说材料的刚度未因裂缝的闭合而得到恢复，$E = (1 - d_t) E_0$；当 ω_c 在 $0 \sim 1$ 之间时表示可以恢复部分刚度。

（2）受拉行为

混凝土受拉弹性阶段以外的塑性应力应变关系可使用 * tension stiffening 命令在 property 功能模块中进行定义，这一命令能够近似模拟混凝土-钢筋的界面力学行为，混凝土弹性阶段以外的塑性行为可以通过直接指定开裂应变与应力的关系的方式定义，也可以通过定义断裂能的方式来实现。

①开裂应变应力关系

在 ABAQUS 中，用户可以通过给出开裂应变与实际应力的关系来定义其弹性阶段以外的塑性行为，混凝土的总应变等于弹性应变

（通过初始刚度反算得到的应变值）与开裂应变之和，然后可以反推得到开裂应变的表达式

$$\tilde{\varepsilon}_t^{ck} = \varepsilon_t - \varepsilon_{0t}^{el} \tag{2-39}$$

式中，$\varepsilon_{0t}^{el} = \sigma_t / E_0$，如图 2-11 所示。

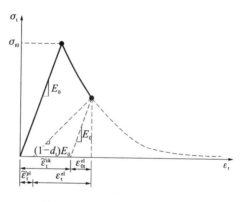

图 2-11　后继应力-应变关系图

如果涉及卸载过程，需要同时定义损伤因子 d_t 与开裂应变 $\tilde{\varepsilon}_t^{ck}$ 的关系，受力过程中软件会通过式(2-40)不断地把当前时刻对应的开裂应变自行变换成等效塑性应变。受拉损伤因子的计算方法一般是将式(2-40)转换成损伤因子的函数，给定一定的等效受拉塑性应变，然后就能得到对应于各个开裂应变时的损伤因子。受拉损伤因子的大小对收敛性有较大影响，数值越大越难收敛，同时等效塑性应变定义得较小时计算同样很难收敛，具体计算时用户需要不断试算以找到一个既能满足精度要求又可以收敛的损伤因子。

$$\tilde{\varepsilon}_t^{pl} = \tilde{\varepsilon}_t^{ck} - \frac{d_t}{1 - d_t} \frac{\sigma_t}{E_0} \tag{2-40}$$

在每个加载步中软件都会计算等效塑性应变并输出，当计算结果出现负值或者所得结果随开裂应变的加大而变小，那么软件就会给出不能继续计算的 error 提示，说明用户此时所定义的对应开裂应变的损伤因子是错误的，必须修改正确以后才能继续计算，否则无法计算。如果没有定义拉伸损伤因子，就表示受拉行为是无损伤塑性的，则 $\tilde{\varepsilon}_t^{pl} = \tilde{\varepsilon}_t^{ck}$。

②断裂能量开裂准则

通过定义开裂应变与应力的关系描述混凝土弹性阶段以外的塑性行为时，如果关键受力部位未设置钢筋，计算结果会受网格形状大小的影响。对于其他材料，细化网格会得到更为精确的结果，但对于混凝土材料，过度细化的网格得到的精度有时反而可能会降低，使用断裂能方式定义开裂行为时能够缩小这种网格敏感性。用户在 ABAQUS 中可以直接输入断裂能与应力的关系（图 2-12）或者选择定义位移与应力关系的方式（图 2-13）来使用断裂能方法完成对混凝土弹性阶段以外的塑性行为的定义。

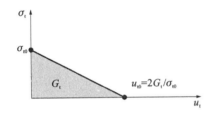

图 2-12 　断裂能与后继破坏 　　　　 图 2-13 　位移与后继应力的关系曲线
　　　　应力的关系曲线

由图 2-12 可以看出，断裂能到达最大值时对应的混凝土拉应力降为零，此时应力所对应的位移可以通过下式计算得到

$$u_{n0} = 2G_f^{\mathrm{I}}/\sigma_{tu}^{\mathrm{I}} \tag{2-41}$$

选用这种方法同样可以定义受拉损伤因子以模拟循环加载中的卸载行为，在断裂能方法中可以定义损伤因子与开裂位移的关系，此时软件按式（2-42）完成变换。受拉损伤因子的计算方法与前述是相似的。

$$u_t^{\mathrm{pl}} = u_t^{\mathrm{ck}} - \frac{d_t}{1-d_t} \frac{\sigma_t l_0}{E_0} \tag{2-42}$$

在选用这种方法定义弹性阶段以外的塑性行为时需要给出积分点的特征长度，然而不同类型以及不同形状的单元的特征长度的取值方法也是有所区别的。由于无法准确预知裂缝发展的趋势，所以要指定裂纹长度的特征值。当单元的最大长宽比较大时，由于开裂趋势有区别，力学行为会表现出较大的差别，因此单元的最大长宽比宜尽量小，以正方形为最优。

（3）受压行为

如前面所介绍，混凝土在受压之初表现为弹性，然后可以选择损伤塑性模型来定义其塑性行为，用户将非弹性应变（区别于塑性应变）与应力的关系提供给 ABAQUS。本模型的受压行为允许有下降段。

非弹性应变的表达式如下：

$$\tilde{\varepsilon}_c^{in} = \varepsilon_c - \varepsilon_{0c}^{el} \qquad (2\text{-}43)$$

式中，ε_c 代表总压应变，弹性压应变的表达式为 $\varepsilon_{0c}^{el} = \sigma_c / E_0$，如图 2-14 所示。

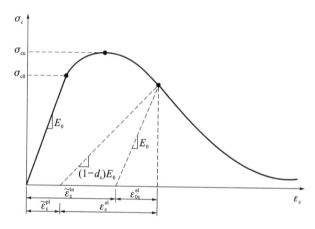

图 2-14　受压行为示意图

如果加载过程中涉及卸载行为，那就需要通过定义受压损伤因子与非弹性压应变的关系来定义卸载行为，软件将会通过式（2-44）求得等效塑性应变。受压损伤因子的计算方法一般是将式（2-44）转换成损伤因子的函数，给定等效塑性压应变，然后就能求出对应于各非弹性应变值的损伤因子。受压损伤因子一般不会太大，一般都能满足收敛要求，但不应定义太大，否则会得到不符合实际情况的结果。

$$\tilde{\varepsilon}_c^{pl} = \tilde{\varepsilon}_c^{in} - \frac{d_c}{1 - d_c} \frac{\sigma_c}{E_0} \qquad (2\text{-}44)$$

如果没有受压损伤，那么 $\tilde{\varepsilon}_c^{pl} = \tilde{\varepsilon}_c^{in}$。

2.2.4 ABAQUS 中的实体单元

本章中的混凝土与垫块以及角钢与螺栓杆采用三维实体单元。在 ABAQUS 中,应力/位移单元的实体(continuum)单元族是最广泛的,然而并不是所有实体单元都可用于 Standard 与 Explicit 模块。Standard 模块所支持的实体单元的种类有平面、三维线性(一次)单元与二次单元,对于数值积分方法,这些单元可以选择减缩积分或完全积分进行计算。在平面问题中,网格可以划分成四边形、三角形,或者两者相结合;在三维空间问题中,几何模型可以被划分成六面体(最常用)、三角楔形体、四面体或者联合使用的有限元模型,除此之外也可选择修正的二次四面体与三角形单元。此外,其隐式计算方法还支持非协调模式与杂交单元。

2.2.5 ABAQUS 中的完全积分计算方法

完全积分是指能够精确地对具有足够积分点的形状规则的单元刚度矩阵进行积分的计算方法。对于一阶单元采用完全积分时,在单元的任意一条边上仅存在两个积分点。那么对于空间问题中的实体单元采用完全积分时,所有边上的积分点之和为 8。对于二阶单元选择完全积分时,任意一条边上的积分点数目为 3;对于三维空间实体单元一共有 16 个积分点。以形状规则的平面四边形单元为例,积分点的分布情况如图 2-15 所示。

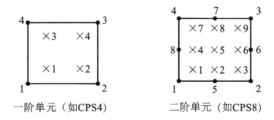

一阶单元（如CPS4）　　二阶单元（如CPS8）

图 2-15　平面四边形完全积分单元中的积分点分布图

对于一阶完全积分单元,在承受弯曲荷载时都会受到所谓"剪力自锁"问题的影响,它的具体表现是当单元受弯时表现得异常刚硬。

一阶完全积分单元在剪切或轴向受力状态下能够给出比较理想的结果，只有在纯受弯状态下才会出现剪力自锁的现象。

二阶单元不会出现剪力自锁的现象，因为它的任意一边上都有 3 个积分点，因此能够发生弯曲变形，如图 2-16 所示。然而，某类分析会包含应力不连续的问题或者包含大扭曲（在现实中也许会出现这种现象），在这两种情况下，二阶单元也许会受到自锁问题的影响。

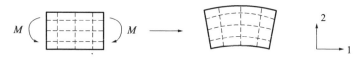

图 2-16　二阶完全积分单元在弯矩作用下的变形

2.2.6　ABAQUS 中的缩减积分计算方法

并不是所有形状的单元都可选择缩减积分，在三维空间模型中，它只能供划分成六面体的网格选择，而在平面问题中，四边形网格就可以选择。对于其他形状的网格，可以选择完全积分，并能够与选择该类型的单元出现在同一个有限元模型中。

该类型的单元所采用的积分点数目较少，采用缩减积分的一次单元的内部仅存在一个位于其中心位置处的积分点（ABAQUS 在处理单元的应变分量时，这种一次单元进行计算所使用的数学公式其实是更为精确的）。再次以平面四边形单元为例来观察采用缩减积分的单元的内部积分点的数量与分布情况，具体如图 2-17 所示。

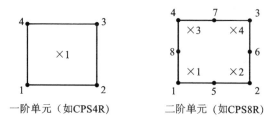

图 2-17　平面四边形单元缩减积分的积分点分布图

对于选择缩减积分的一阶单元，在纯弯状态下，会出现刚度变弱的现象，被称为沙漏（hourglassing）数值问题。

由于沙漏问题所导致的零能量模式在单元网格划分得比较粗糙的有限元模型中会扩展。为解决这一问题,在 ABAQUS 中,通过附加很小的"沙漏刚度"以期望能够防止这一问题在采用了缩减积分的线性单元的有限元模型中发生扩散。ABAQUS 所采用的这种解决方法在使用较多的该类型单元的有限元模型中才有效,而且数量越多效果越好。因此,在网格足够细化的有限元模型中使用本类型单元是完全没有问题的。要想知道网格是不是细化到足以限制沙漏模式的扩展可以在计算结果中查看伪应变能与内能的比例,如果伪应变能只有内能的百分之一,那么可以忽略由于沙漏问题所带来的误差,如果大于十分之一那么需要继续细化网格,以进一步减小由于沙漏问题所造成的误差。

沙漏模式同样存在于采用缩减积分的二阶单元之中,但是,与一阶单元所不同的是这一问题一般情况下不会在使用了该类型单元的有限元模型中发生恶化,对于细化网格的有限元模型更没有问题。即便对处于受力十分复杂的状态下,在使用了该类型单元的有限元模型中也不会明显受到自锁的影响,所以,对于一般结构问题,选择这种单元建立有限元模型能够给出满意的结果。

参 考 文 献

[1] 李旋. CFRP 加固钢筋混凝土筒仓仓壁受力有限元分析[D]. 武汉:武汉理工大学,2012.

[2] 方明新. 混凝土框架节点梁端破坏加固试验研究[D]. 武汉:武汉理工大学,2012.

[3] 张镇. 碳纤维布加固破损 RC 梁抗弯性能试验研究及有限元分析[D]. 武汉:武汉理工大学,2013.

[4] 鲁效尧. CFRP 与角钢组合加固框架节点有限元分析[D]. 武汉:武汉理工大学,2013.

[5] 段红杰,周文玉,蒋玮. 大直径筒仓结构的有限元分析[J]. 工业建筑,2000,30(9):30-32.

[6] 樊立新,郑山锁. 大型筒仓的有限元分析[J]. 西安矿业学院学报, 1996 (4):320-323.

[7] 彭雪平. 巨型贮煤筒仓的有限元分析[J]. 特种结构,2005,22 (4): 43-46.

[8] DRUCKER D C. A definition of stable inelastic material[J]. Appl Mech,1959,26 (1):101-106.

[9] OTTOSEN N S. Failure and elasticity of concrete[R]. Risoe:Danish Atomic Energy Commission,1975.

[10] 武江传. ANSYS 在结构分析中的应用[J].连云港化工高等专科学校学报,2002,15(3):29-31.

[11] NGO D,SCORDELIS A C. Finite element analysis of reinforced concrete beam[J]. ACI Structural Journal,1967,64(3):25-33.

[12] 朱伯龙,董振祥.钢筋混凝土非线性分析[M].上海:同济大学出版社,1985.

[13] 陈燕.钢筋混凝土的非线性有限元分析[J].广东建材,2006(2): 42-44.

[14] WILLAM K J,WARNKE E P. Constitutive models for the triaxial behavior of concrete[C]. IABSE Proceeding,1974,19: 1-30.

[15] 徐芝纶.弹性力学简明教程[M]. 4 版. 北京:高等教育出版社,2013.

[16] 李围,叶裕明. ANSYS 土木工程应用实例[M]. 北京:中国水利水电出版社,2007.

[17] 王新敏. ANSYS 工程结构数值分析[M]. 北京:人民交通出版社,2007.

[18] 司炳君,孙治国,艾庆华.Solid65 单元在混凝土结构有限元分析中的应用[J].工业建筑,2007(1):87-92.

[19] MARIA J F,BASSAM A I,CHRIS G K. Modelling exterior beam-column joints for seismic analysis of RC frame structures[J]. Earthquake Engineering and Structural Dynamics,2010,37 (13): 1527-1548.

[20] 王金昌,陈页开.ABAQUS 在土木工程中的应用[M].浙江:浙江大学出版社,2006.

[21] 庄苗,由小川,廖剑晖,等.基于 ABAQUS 的有限元分析和应用

[M].北京:清华大学出版社,2009.

[22] 陆新征,叶列平,缪志伟.建筑抗震弹塑性分析[M].北京:中国建筑工业出版社,2009.

[23] 石亦平,周玉蓉.ABAQUS 有限元分析实例详解[M].北京:机械工业出版社,2006.

[24] 曹金凤,石亦平.ABAQUS 有限元分析常见问题解答[M].北京:机械工业出版社,2009.

[25] 王文炜.FRP 加固混凝土结构技术及应用[M].北京:中国建筑工业出版社,2007.

[26] 滕锦光,陈建飞,S・T・史密斯,等.FRP 加固混凝土结构[M].李荣,滕锦光,顾磊,译.北京:中国建筑工业出版社,2005.

[27] 江见鲸,陆新征,叶列平.混凝土结构有限元分析[M].北京:清华大学出版社,2005.

[28] 王勖成.有限单元法[M].北京:清华大学出版社,2003.

[29] 陆新征,叶列平,滕锦光,等.FRP-混凝土界面粘结滑移本构模型[J].建筑结构学报,2005,26(4):10-18

[30] 陆新征,谭壮,叶列平,等.FRP 布-混凝土界面粘结性能的有限元分析[J].工程力学,2004,21(6):45-50.

[31] 陆新征.FRP-混凝土界面行为研究[D].北京:清华大学,2005.

[32] 韩强.CFRP-混凝土界面粘结滑移机理研究[D].广州:华南理工大学,2010.

[33] 余流.碳纤维布增强钢筋混凝土构件的非线性有限元分析[D].天津:天津大学,2002.

[34] 张劲,王庆扬,胡守营,等.ABAQUS 混凝土损伤塑性模型参数验证[J].建筑结构,2008,38(8):127-130.

[35] 张战廷,刘宇锋.ABAQUS 中的混凝土塑性损伤模型[J].建筑结构,2011,41(S2):229-231.

[36] 雷拓,钱江,刘成青.混凝土损伤塑性模型应用研究[J].结构工程师,2008,24(2):22-27.

3 CFRP 在受弯梁加固中的应用

3.1 外贴碳纤维布加固受弯梁的试验

3.1.1 外贴碳纤维布加固受弯梁的试验目的

（1）了解受弯钢筋混凝土梁经过外贴碳纤维布加固后，其整体性能的改变，包括其破坏形态及特征、截面刚度、裂缝等各个方面的特性以及正截面承载力的提高，为碳纤维布加固钢筋混凝土受弯构件的工程实践提供试验依据；

（2）分析在相同截面尺寸和相同配筋率的情况下，碳纤维布粘贴层数对加固效果的影响，为推导极限贴布率提供试验依据；

（3）观察碳纤维布加固后梁的粘结剥离破坏现象，为进一步研究防止剥离现象提供试验依据。

3.1.2 外贴碳纤维布加固受弯梁的试验方案设计

3.1.2.1 试验梁的设计与制作

按照《混凝土结构设计规范》（GB 50010—2010，2015 年版）及《碳纤维片材加固修复混凝土结构技术规程》，试验一共设计并制作了 6 根尺寸及配筋完全相同的矩形截面简支梁。混凝土强度等级为 C25，纵向受力钢筋为 HRB335 级钢，架立筋和箍筋采用 HPB300 级钢。

试验梁的几何尺寸及截面配筋如图 3-1 所示。

在试验中，所有制作混凝土试件的原材料（水泥、砂子、石子、钢筋、水等）均满足规范要求。设计的配筋率在允许的适筋梁范围内（配

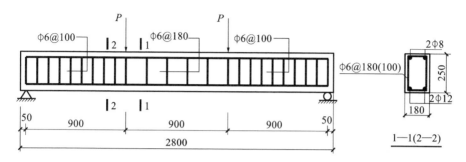

图 3-1　梁的几何尺寸及截面配筋简图

筋率为 0.55%），并且要求试件不发生斜截面受剪破坏。

3.1.2.2　材料选择

（1）钢筋及混凝土

试验材料强度采用近几年来常用的钢筋和混凝土强度。混凝土设计强度等级为 C25，钢筋为热轧钢筋。

浇筑混凝土时，预留了一组（3 个）150mm×150mm×150mm 的混凝土试块，与梁同条件养护 28d 后，实测的混凝土立方体抗压强度为 $f=23.4\text{N/mm}^2$。

实测的钢筋性能指标见表 3-1。

表 3-1　实测的钢筋主要性能指标

钢筋级别	直径（mm）	截面面积（mm²）	屈服强度（N/mm²）	极限强度（N/mm²）	强度标准值（N/mm²）
HRB335	12	113.1	309.9	481.2	335
HPB300	8	50.3	263.4	396.2	300
HPB300	6	28.3	242.5	379.8	300

（2）加固材料的类型

加固材料采用日本东丽（Toray）公司生产的 Cymax L200-C 12KT700 碳纤维布及配套结构胶 YZJ-C 系列，结构胶包括：YZJ-CD、YZJ-CZ、YZJ-CQ。材料的主要性能指标见表 3-2。

表 3-2　碳纤维布和结构胶的主要性能指标

Gymax L200-C 12KT700 碳纤维布	计算厚度	0.111mm
	抗拉强度标准值	3945MPa
	弹性模量	210GPa
	延伸率	2.05%
YZJ 系列 结构胶	YZJ-CD	粘结正拉强度（钢筋-混凝土）	2.75MPa
		拉伸强度	33.51MPa
	YZJ-CZ	粘结正拉强度（钢筋-混凝土）	3.42MPa
		拉伸强度	33.51MPa
	YZJ-CQ	抗折强度	48.10MPa
		粘结正拉强度（钢筋-混凝土）	2.97MPa

3.1.2.3　梁的加固方案

在本次试验中，L-1 是对比梁，其余 5 根梁分别进行一次受力和二次受力加固试验。L-2、L-3、L-4 分别在梁底粘贴一层、两层、三层碳纤维布进行一次受力加固，用以比较不同粘贴层数的加固效果。L-5、L-6 均在梁底粘贴两层碳纤维布进行二次受力加固。其中 L-5 还设置了 U 形箍，用于分析 U 形箍锚固对加固效果的影响。

各梁的加固方案见表 3-3。其碳纤维布粘贴方式如图 3-2～图 3-5 所示。

表 3-3　梁的加固方案

编号	加固方式	加载类型
L-1	对比梁	直接加载
L-2	贴一层布	先贴布后加载（一次受力）
L-3	贴两层布	先贴布后加载（一次受力）
L-4	贴三层布	先贴布后加载（一次受力）
L-5	贴两层布并设置 U 形箍	加载至极限荷载的 70% 左右再贴布 然后再加载（二次受力）
L-6	贴两层布	加载至极限荷载的 70% 左右再贴布 然后再加载（二次受力）

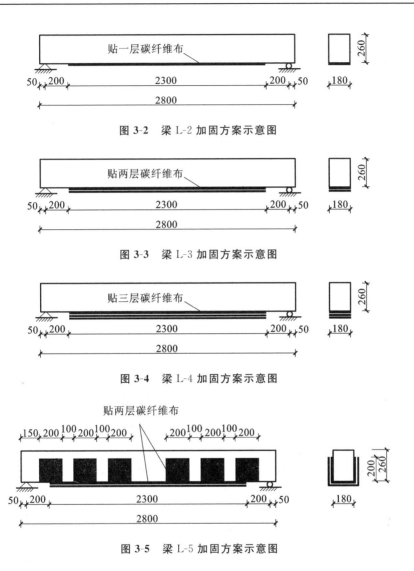

图 3-2　梁 L-2 加固方案示意图

图 3-3　梁 L-3 加固方案示意图

图 3-4　梁 L-4 加固方案示意图

图 3-5　梁 L-5 加固方案示意图

3.1.3　试验装置及测量内容

试验在拉压试验机上进行,用分配梁来实现两点加载。试验过程中,采用手动螺旋千斤顶通过反力架分级加载,荷载大小由拉压力传感器控制。在预加几级荷载后,开始正式加载。每加一级荷载后等待10 分钟,待试验梁变形稳定后,开始记录百分表和应变仪的读数,观察裂缝的开展情况,待记录完毕后,再进行下一级加载。在荷载达到钢筋屈服强度并发生极限破坏时,级载减半。试验过程中,通过应变仪连接的压力传感器控制每级加载,数据采用微型计算机同步数据自动采集系统采集。仪器仪表布置及加载示意如图 3-6 所示。

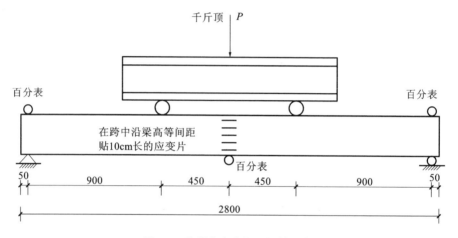

千斤顶 P

百分表

百分表

在跨中沿梁高等间距
贴10cm长的应变片

百分表

50   900   450   450   900   50

2800

图 3-6   仪器仪表布置及加载示意

本次试验的目的主要是对碳纤维布补强加固钢筋混凝土梁的受弯性能进行试验和分析,尤其是分析碳纤维布粘贴层数对加固效果的影响,如梁的破坏形式和承载力提高幅度等。为此,本次试验中需要测量和记录的主要内容有:

（1）观察梁的破坏情况及特点,区分不同的破坏形式,记录梁的破坏荷载;

（2）对应每级荷载记录梁的跨中挠度,以便绘制荷载-挠度曲线;

（3）对应每级荷载,记录梁受拉区跨中钢筋的应变和梁底跨中截面的碳纤维布应变;

（4）对应每级荷载,记录梁跨中侧面混凝土沿截面高度的应变;

（5）在试验过程中,用刻度放大镜观察裂缝的出现及发展情况,记录梁的开裂弯矩,观察裂缝的宽度及间距。

3.1.4　试验结果及分析

梁的主要试验结果列于表 3-4 中。

表 3-4　梁的主要试验结果

梁编号	开裂荷载	屈服荷载	极限荷载	破坏形式	破坏时的跨中挠度
L-1	16kN	22kN	31kN	混凝土压碎	32.06mm
L-2	17.5kN	24.5kN	45.5kN	混凝土压碎	30.55mm
L-3	21kN	28kN	56kN	粘结破坏	25.08mm
L-4	21kN	28kN	59.5kN	混凝土压碎	24.48mm
L-5	17.5kN	28kN	52.5kN	混凝土压碎	25.98mm
L-6	17.5kN	24.5kN	49kN	粘结破坏	26.34mm

未加固梁 L-1 的破坏过程是典型的适筋梁受弯破坏模式。首先，在纯弯段出现明显的竖向裂缝；然后，随着荷载的增加，钢筋达到屈服强度（意味着梁丧失承载力），挠度显著增加，裂缝宽度明显变大；最后，受压区混凝土达到极限压应变被压碎（意味着梁彻底遭到破坏）。它的破坏过程属于延性破坏。

加固梁 L-2 的破坏过程同未加固梁 L-1 的破坏过程非常相似，但裂缝的宽度和间距都比梁 L-1 的小，裂缝的发展也较为缓慢。另外，在破坏过程中，碳纤维布与混凝土之间没有发生粘结滑移等破坏现象。它的破坏也属于延性破坏。

加固梁 L-3 也是首先在纯弯段出现明显的竖向裂缝，但裂缝的宽度和间距比梁 L-2 小；然后，随着荷载的增加，钢筋达到屈服，变形增大，此后主要由碳纤维布承受荷载，在加载的过程中，可以听到梁发出轻微的劈裂声；最后，随着荷载的继续增加，突然听见"啪"的一声，保护层混凝土被碳纤维布拉下，梁彻底破坏。虽然最后的破坏具有突然性，但在破坏前可以观测到梁有很大的变形。

加固梁 L-4 同梁 L-1 相比，也是首先在纯弯段出现明显的竖向裂缝，但裂缝宽度和间距小得多；然后，随着荷载的增加，钢筋达到屈服，变形增大，此后主要由碳纤维布承受荷载。在加载的过程中，可以听到梁发出轻微的劈裂声；随着荷载的继续增加，梁不断发出劈裂声，最后受压区混凝土达到极限压应变被压碎，梁彻底破坏。

加固梁 L-5 的破坏过程与梁 L-4 的破坏过程也非常相似，但其间距和宽度比梁 L-4 的稍大，裂缝的发展也比较缓慢，但破坏时的挠度比梁 L-4 的要大，极限荷载比梁 L-4 的要小。

加固梁 L-6 的破坏过程同梁 L-3 的破坏过程比较类似，只是在破坏的各个阶段，挠度和变形都要大些，最终也是由于保护层混凝土被剥落而彻底破坏。

显然，碳纤维布粘贴层数和有无锚固措施对梁的破坏形式有很大的影响。比较梁 L-6 及梁 L-5 的试验结果可知，无锚固措施的梁 L-6 在碳纤维布还未被拉断，混凝土也未被压碎之前，发生了保护层混凝土被碳纤维布拉下来的剥离破坏。这使得碳纤维布的强度没有得到充分的利用，在设计中应该予以避免。而梁 L-5 因为有足够的锚固措施，因而碳纤维布强度得到了充分的利用，其破坏属于延性破坏。

3.1.4.1　试验梁的正截面承载力分析

图 3-7 反映了碳纤维布不同粘贴层数对梁极限荷载的提高幅度。

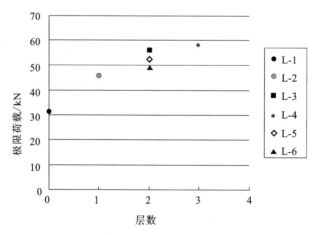

图 3-7　碳纤维布粘贴层数与梁极限荷载

从图 3-7 和表 3-4 中可以看出：

(1)加固后的梁正截面极限承载力都有显著的提高。其中，粘贴一层碳纤维布的 L-2,极限承载力提高了 46.8%;粘贴两层碳纤维布的 L-3,极限承载力提高了 80.6%;粘贴三层碳纤维布的 L-4,极限承载力提高了 91.9%。这说明:碳纤维布在混凝土梁承受荷载时起到了很大的作用,而且粘贴面积越大,加固效果越明显。然而,比较不同粘贴面积对梁极限承载力提高的幅度可以看出,粘贴两层碳纤维布的梁承载力提高幅度最为显著,即粘贴碳纤维布的层数对提高梁的极限承载力的影响不是成比例的。

(2)比较一次受力和二次受力的梁可以发现,同样是粘贴两层碳纤维布,一次受力的梁 L-3,其极限荷载提高了 80.6%;二次受力的梁 L-5 和梁 L-6,其极限荷载分别提高了 69.4% 和 58.1%。显然,二次受力的梁极限荷载提高的幅度要小些。这是因为,对于一次受力的混凝土梁,碳纤维布和钢筋始终共同一致受力。而对于二次受力的梁,它在加固之前就已经受力,其钢筋已经产生一定的应变。加固后,碳纤维布的应变始终滞后于钢筋的应变。因此,在二次受力混凝土梁中,碳纤维布的作用没有在一次受力梁中的大,所以其承载力要小一些。

(3)由表 3-4 中数据还可以看出,加固后的梁正截面极限承载力提高的幅度远远大于开裂荷载和屈服荷载提高的幅度。这说明,碳纤维布在加载的后期发挥了较大的作用,其高强度的特性得到了充分的展示。

3.1.4.2　混凝土梁的刚度(荷载-挠度曲线)分析

荷载-挠度曲线形状直接反映了加固梁刚度的变化情况。梁 L-1~L-6 的荷载-跨中挠度曲线如图 3-8~图 3-13 所示。图 3-14 为各梁的荷载-跨中挠度曲线的对比图。

从图中可以看出,未加固的梁 L-1 在钢筋屈服后挠度迅速增长,而加固后的梁在整个试验过程中,在相同荷载作用下,挠度都小于未加固的梁,且挠度和变形的发展始终比较缓慢。由此可见,碳纤维布的存在使梁的中和轴上移减缓,构件的刚度有了一定程度的提高,且加固梁刚度随贴布层数的增加而增加。另外,二次受力加固梁的刚度比一次受力加固梁的刚度要小。这是因为二次受力加固梁在加固的时候就已经出现了裂缝，而碳纤维布并不能使裂缝封闭，它只能在原有裂缝宽度的基础上抑制裂缝的进一步扩展。

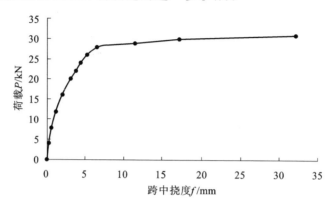

图 3-8　梁 L-1 的荷载-跨中挠度曲线

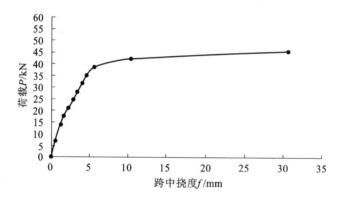

图 3-9　梁 L-2 的荷载-跨中挠度曲线

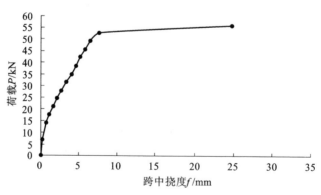

图 3-10　梁 L-3 的荷载-跨中挠度曲线

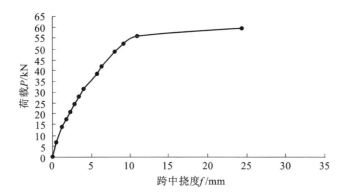

图 3-11　梁 L-4 的荷载-跨中挠度曲线

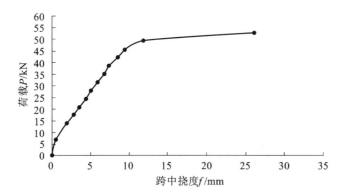

图 3-12　梁 L-5 的荷载-跨中挠度曲线

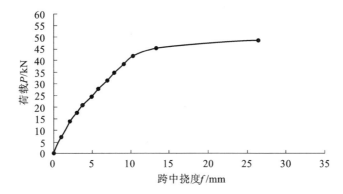

图 3-13　梁 L-6 的荷载-跨中挠度曲线

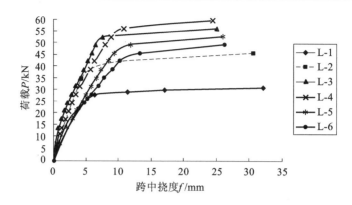

图 3-14　试验梁的荷载-跨中挠度曲线对比

3.1.4.3　试验梁的裂缝分析

在试验的全过程中,用刻度放大镜对试验梁的裂缝开展情况进行了观察。随着荷载的增加,所有梁均在纯弯段出现明显的弯曲裂缝。经碳纤维布加固后的梁,由于碳纤维布参与承受荷载,并且对混凝土梁有一定的约束作用,它相对于未加固的梁而言,裂缝出现较晚一些,开裂荷载略有增加,裂缝发展较为缓慢,裂缝数量多而且密集,宽度远远小于未加固的梁。从裂缝的形态及发展来看,采用碳纤维布对裂缝的开裂和发展有明显的约束作用。

各梁的裂缝图如图 3-15～图 3-20 所示。

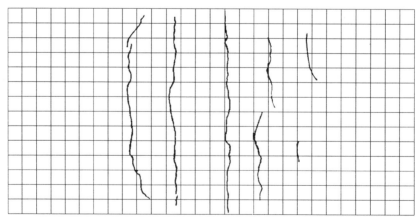

图 3-15　梁 L-1 的裂缝图

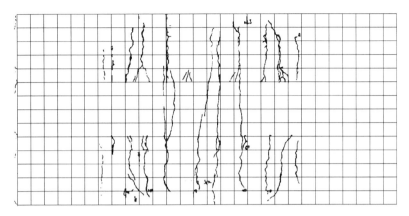

图 3-16 梁 L-2 的裂缝图

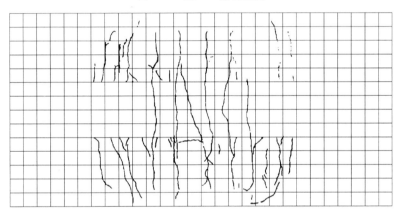

图 3-17 梁 L-3 的裂缝图

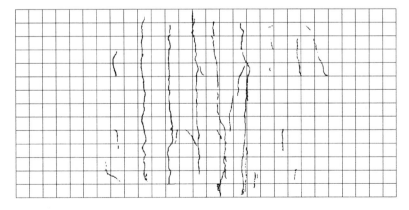

图 3-18 梁 L-4 的裂缝图

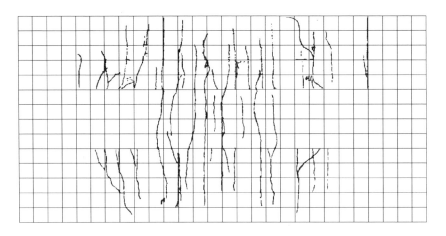

图 3-19   梁 L-5 的裂缝图

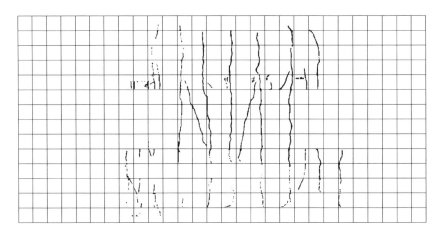

图 3-20   梁 L-6 的裂缝图

3.1.4.4   试验梁的应变分析

(1)碳纤维布和钢筋的应变

以未加固梁 L-1 和加固梁 L-2 为例，绘制了受拉钢筋和碳纤维布随着荷载增加的应变发展图，分别如图 3-21、图 3-22 所示。

由图 3-21 和图 3-22 可以看出：

①加固后的梁钢筋屈服略有推迟；

②在加载初期,碳纤维布和钢筋的应变都很小,并且碳纤维布的应变比钢筋的应变略大。这符合平截面假定,同时说明碳纤维布与混凝土梁表面之间没有产生滑移。荷载由碳纤维布和钢筋共同承担。

随着荷载的增加,钢筋达到屈服,荷载逐步倾向由碳纤维布承担(也就是说,荷载多数由碳纤维布承担,钢筋只承担较小部分的荷载)。虽然碳纤维布和钢筋的应变都增长得很快,但是碳纤维布的应变增加比钢筋的要快。最后导致碳纤维布的应变比钢筋的应变大。

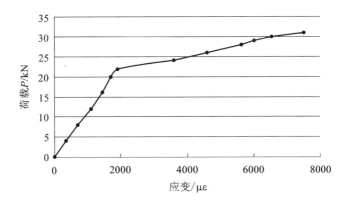

图 3-21　梁 L-1 的钢筋应变发展图

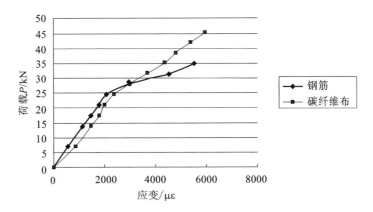

图 3-22　梁 L-2 的钢筋和碳纤维布的应变发展图

随着荷载的继续增加,碳纤维布和钢筋的应变越来越大,当达到一定荷载时(钢筋应变约为 $6000_{\mu\varepsilon}$),钢筋逐步退出工作,荷载几乎完全由碳纤维布承担。

(2)混凝土沿截面高度的应变

加载过程中,记录了混凝土在各级荷载作用下的应变值。加固前,梁 L-1 的混凝土应变满足平截面假定(图 3-23)。加固后的梁,以梁 L-2 为例,其混凝土沿截面高度的应变如图 3-24 所示。从图中可以看出,加固后的梁在受弯时,仍然满足平截面假定。

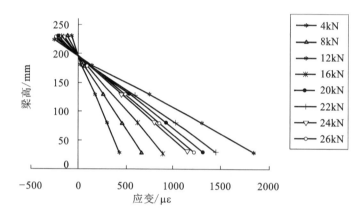

图 3-23 梁 L-1 混凝土沿截面高度的应变

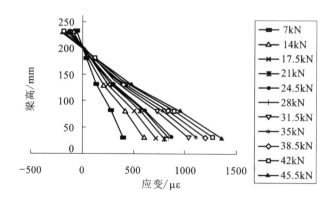

图 3-24 梁 L-2 混凝土沿截面高度的应变

3.2 CFRP 加固钢筋混凝土梁相关计算

3.2.1 CFRP 加固梁的传力机制及破坏形态

众多试验研究表明,CFRP 加固钢筋混凝土梁在抗弯受力时,碳纤维布的加固效果及作用可以认为与纵向受力筋类似,受力模型可以参照普通钢筋混凝土受弯构件抗弯时纵向受拉钢筋的受力机制,但在具体分析其受力情况时又与受拉钢筋有所区别。因为碳纤维布虽然在钢筋混凝土的受拉区参与了抗弯,但是它与原有钢筋混凝土之间的作用完全是通过胶结层进行传递的,而且它也不同于钢筋包裹于混凝土之中,所以受力情况又有别于受拉区的纵向钢筋。

根据试验研究,CFRP 加固受弯梁有以下 5 种破坏形态:

(1)超筋破坏,即在受拉钢筋达到屈服前受压区混凝土已经压坏;

(2)适筋破坏 I,即钢筋屈服后受压区混凝土被压坏,而此时 CFRP 还未达到极限拉应变;

(3)适筋破坏 II,即钢筋屈服后 CFRP 达到极限拉应变被拉断,而此时受压区混凝土尚未被压坏;

(4)保护层混凝土剪切受拉剥离破坏;

(5)CFRP 与混凝土基层间粘结剥离破坏。

当采用 CFRP 加固时,如果碳纤维布用量太大,且有可靠锚固时,会引起超筋破坏。这种破坏 CFRP 的应力仅为其极限抗拉强度的 1/10左右,CFRP 的强度远未得到充分发挥,且破坏时的脆性性质显著。在实际应用中通常通过限制 CFRP 的用量来控制超筋破坏。

保护层混凝土剪切受拉剥离破坏是由于混凝土强度较低或锚固长度不足引起的,而 CFRP 与混凝土基层间的粘结剥离破坏是由于粘结材料强度较低或锚固长度不足引起的。这两种剥离破坏都具有明显的脆性,在应用中应予以避免。通常通过构造措施,规定最小混凝土强度,采用优质粘结材料和保证施工质量,或采用机械锚固来控制。

现在在防止剥离破坏方面最常用的是设置碳纤维布 U 形箍，并保证一定的锚固长度。

因此，CFRP 加固受弯构件正截面承载力计算主要是针对两种适筋破坏情况进行的。由于 CFRP 直至拉断均表现为线弹性性质，且拉断时呈明显的脆性，故 CFRP 加固受弯构件的延性概念和受弯承载力极限状态与普通的钢筋混凝土构件有明显的差别。众多试验表明，CFRP 加固受弯试件在达到最终破坏瞬间具有明显的突然性，故不能以该状态作为受弯承载力极限状态。规范建议：取 CFRP 的拉应变达到其允许拉应变 $[\varepsilon_{cf}] = 0.01$ 为极限状态。

3.2.2　CFRP 加固梁的正截面承载力计算基本条件

3.2.2.1　基本假定

(1)平截面假定：CFRP 加固混凝土梁正截面平均应变满足平截面假定。

(2)混凝土的应力应变关系采用现行规范建议的计算模式。其公式如下：

$$\sigma = \begin{cases} 2\left[\left(\dfrac{\varepsilon}{\varepsilon_0}\right) - \left(\dfrac{\varepsilon}{\varepsilon_0}\right)^2\right]f_c & (0 \leqslant \varepsilon \leqslant \varepsilon_0) \\ f_c & (\varepsilon_0 < \varepsilon \leqslant \varepsilon_{cu}) \end{cases} \tag{3-1}$$

式中，$\varepsilon_0 = 0.002$，$\varepsilon_{cu} = 0.0033$，$f_c$ 为混凝土轴心抗压强度设计值。当压应变达极限压应变时，混凝土被压碎。

(3)不考虑混凝土的抗拉强度。

(4)假定钢筋为理想的弹塑性材料，当其应力小于屈服强度时，应力应变关系为线性；当应力超过屈服强度时，应力不变，始终为 f_y。其公式如下：

$$\sigma_s = \begin{cases} \varepsilon_s E_s & (0 \leqslant \varepsilon_s < \varepsilon_y) \\ f_y & (\varepsilon_s \geqslant \varepsilon_y) \end{cases} \tag{3-2}$$

钢筋极限变形值为 $\varepsilon_{su} = 0.01$。

(5)假定 CFRP 为理想的弹性材料，应力应变关系为线性，当其应力达到抗拉强度时,CFRP 被拉断,即:$\sigma_{cf} = E_{cf}\varepsilon_{cf}$,但碳纤维的变形 ε_{cf} 不能超过其允许拉应变$[\varepsilon_{cf}]$。

(6)CFRP 加固混凝土结构的承载力极限状态是以截面变形达到下列情况之一时为准:当混凝土压应变达到混凝土极限变形值 ε_{cu} 时;当 CFRP 应变达到其极限拉应变 ε_{cfu} 时;或者两者同时达到极限变形值时。因此,在数值计算时,只考虑混凝土被压碎和 CFRP 被拉断两种破坏形式。

(7)因为 CFRP 的厚度较薄,可以假定 CFRP 的中心离梁顶的距离与梁高相同,即 $h_{cf} = h$。

3.2.2.2　CFRP 加固受弯梁的特征破坏

如前 3.2.1 节所述,CFRP 加固受弯梁后,梁有五种破坏模式。为了使梁在破坏前具有足够的预兆和必要的延性,将必须保证受拉钢筋先达到屈服,作为截面破坏设计的一个准则。根据破坏时混凝土、钢筋以及 CFRP 的应力特征,提出三种特征破坏。

(1)CFRP 拉断时,混凝土的最大应变正好为峰值应变,即 $\varepsilon_{cf} = \varepsilon_{cfu}$ 时,$\varepsilon_c = \varepsilon_0$;

(2)在 CFRP 被拉断的同时,混凝土被压碎,即 $\varepsilon_{cf} = \varepsilon_{cfu}$ 时,$\varepsilon_c = \varepsilon_{cu}$,这种破坏称作界限破坏;

(3)当混凝土压碎破坏时,钢筋正好屈服,即 $\varepsilon_c = \varepsilon_{cu}$ 时,$\varepsilon_s = \varepsilon_y$。

这三种破坏相应的应变关系如图 3-25 所示。可分别求得三种特征破坏的中和轴高度:

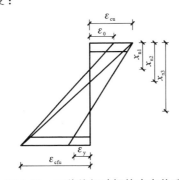

图 3-25　三种特征破坏的应变关系

$$x_{n1} = \frac{\varepsilon_0}{\varepsilon_0 + \varepsilon_{cfu}}h \tag{3-3}$$

$$x_{n2} = \frac{\varepsilon_{cu}}{\varepsilon_{cu} + \varepsilon_{cfu}}h \tag{3-4}$$

$$x_{n3} = \frac{\varepsilon_{cu}}{\varepsilon_{cu} + \varepsilon_y}h \tag{3-5}$$

3.2.3　正截面承载力计算公式推导

对混凝土梁界限破坏情形(图 3-26)，由《混凝土结构设计规范》可得：

$$\alpha_1 f_c bx + A'_s f'_s = A_s f_y + A_{cf,2} f_{cfu} \tag{3-6}$$

式中，α_1 为矩形应力图的应力值按照混凝土轴心抗压强度设计值 f_c 取值时应乘以的系数。本次试验采用 C25 混凝土，α_1 取为 1。$x = \beta x_{n2}$，x_{n2} 为界限破坏时的中和轴高度，按照式(3-4)确定。β 为混凝土受压区高度按照平截面假定求出的中和轴高度取值时应乘以的系数。本次试验采用 C25 混凝土，β 取为 0.8。

$$f'_s = 0.0033 E_s \left(1 - \frac{a'_s}{x}\right) \leqslant f'_y \tag{3-7}$$

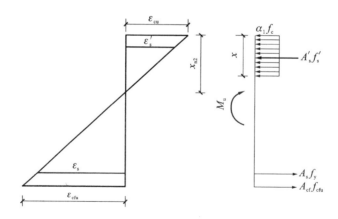

图 3-26　界限破坏时的应力应变关系

对受压区混凝土合力作用点取矩，可得界限破坏时的极限抗弯承载力：

$$M_u = A_s f_y(h_0 - 0.5x) - A'_s f'_s(a'_s - 0.5x) + A_{cf} f_{cfu}(h - 0.5x)$$

$$(3-8)$$

当 $x \geqslant 2a'_s$ 时,混凝土达到极限压应变,可以保证受压钢筋屈服,即取 $f'_s = f'_y$。如果受压钢筋未屈服,则应力 f'_s 按照式(3-7)进行计算。

先分析 CFRP 被拉断破坏的情况。根据受压区混凝土边缘应变值不同可分为以下两种情况:破坏形式 1($\varepsilon_c < \varepsilon_0$);破坏形式 2($\varepsilon_0 \leqslant \varepsilon_c \leqslant \varepsilon_{cu}$)。

(1)破坏形式 1: $\varepsilon_{cf} = \varepsilon_{cfu}$, $\varepsilon_c < \varepsilon_0$ (图 3-27)

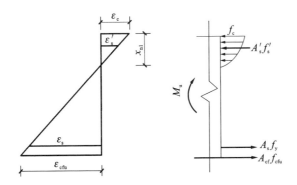

图 3-27　破坏形式 1 的应力应变关系

此时,混凝土受压区高度 $x < x_{n1}$,受压区混凝土应变还未达到峰值应变 ε_0 ,即 $\varepsilon_c < \varepsilon_0$ 。这种破坏只会在加固梁的配筋率很小且加固量也很小时才会发生。

为避免这种情况,应加大配筋率或者加大加固量。

由平衡方程求得:

$$\frac{2}{3} f_c b x_{n1} + A'_s f'_s = A_s f_y + A_{cf,1} f_{cfu} \qquad (3-9)$$

对受压区混凝土合力作用点取矩,可得该种破坏下的极限抗弯承载力为:

$$M_u = A_s f_y\left(h_0 - \frac{1}{3} x_{n2}\right) - A'_s f'_s\left(a'_s - \frac{1}{3} x_{n2}\right) + A_{cf} f_{cfu}\left(h - \frac{1}{3} x_{n2}\right)$$

$$(3-10)$$

受压钢筋应力 f_s'，由式(3-7)计算而得。

(2)破坏形式 2：$\varepsilon_{cf} = \varepsilon_{cfu}$，$\varepsilon_0 \leqslant \varepsilon_c \leqslant \varepsilon_{cu}$（图 3-28）

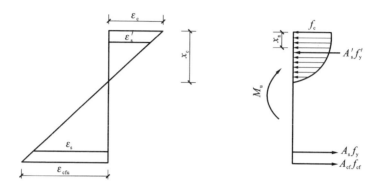

图 3-28　破坏形式 2 的应力应变关系

混凝土边缘最大压应变：

$$\varepsilon_c = \varepsilon_{cfu} x_c / (h - x_c) \tag{3-11}$$

最大压应力区高度：

$$x_0 = x_c - \varepsilon_0 (h - x_c) / \varepsilon_{cfu} \tag{3-12}$$

受压区混凝土的合力为应力图的矩形部分和抛物线部分之和：

$$C = f_c b x_0 + \frac{2}{3} f_c b (x_c - x_0) = \frac{1}{3} f_c b (2x_c + x_0) \tag{3-13}$$

受拉区钢筋、CFRP 的合力：

$$T = A_s f_y + A_{cf} f_{cf} \tag{3-14}$$

先假定受压钢筋屈服，则由平衡方程：

$$C + A_s' f_y' = T \tag{3-15}$$

并将式(3-12)、式(3-13)、式(3-14)代入(3-15)，可求得：

$$x_c = \frac{3\varepsilon_{cfu}(A_{cf} f_{cf} + A_s f_y - A_s' f_y') + f_c b \varepsilon_0 h}{f_c b (\varepsilon_0 + 3\varepsilon_{cfu})} \tag{3-16}$$

将 x_c 代入式(3-17)，即得到受压钢筋的应变。

$$\varepsilon_s' = \varepsilon_{cfu} \frac{x_c - a_s'}{h - x_c} \tag{3-17}$$

其中 a_s' 为受压钢筋混凝土的保护层厚度。

受压钢筋应力为：

$$\sigma_s' = E_s'\varepsilon_s' = E_s'\varepsilon_{cfu}\frac{x_c - a_s'}{h - x_c} \tag{3-18}$$

比较 σ_s' 与 f_y'：若 $\sigma_s' < f_y'$，则受压钢筋没有屈服，此时应将由式 (3-18) 计算出的 σ_s' 作为 f_y' 代入式 (3-15) 重新计算，解关于 x_c 的一元二次方程：

$$a_2 x_c^2 + b_2 x_c + c_2 = 0 \tag{3-19}$$

其中，

$$a_2 = f_c b\left(1 + \frac{\varepsilon_0}{3\varepsilon_{cfu}}\right)$$

$$b_2 = A_s f_y + A_{cf} f_{cf} + f_c bh + \frac{2f_c bh\varepsilon_0}{3\varepsilon_{cfu}} + A_s' E_s'\varepsilon_{cfu}$$

$$c_2 = Th + A_s' E_s'\varepsilon_{cfu} a_s' + \frac{f_c bh^2 \varepsilon_0}{3\varepsilon_{cfu}}$$

求得 x_c 后，可进一步求得受压区混凝土合力的作用点：

$$
\begin{aligned}
x_{c0} &= \frac{\frac{2}{3}f_c b(x - x_0)\left[x_0 + \frac{3}{8}(x_c - x_0)\right] + \frac{1}{2}f_c bx_0^2}{\frac{1}{3}f_c b(2x_c + x_0)} \\
&= \frac{1}{4}\frac{(3x_c^2 + 2x_c x_0 + x_0^2)}{2x_c + x_0} \\
&= \frac{1}{4}\left(\frac{3x_c^2}{2x_c + x_0} + x_0\right)
\end{aligned}
\tag{3-20}
$$

将截面上所有的力向受压区混凝土的合力作用点取矩，得到极限承载力

$$M_u = A_s f_y(h_0 - x_{c0}) + A_{cf} f_{cf}(h - x_{c0}) - A_s'\sigma_s'(x_{c0} - a_s') \tag{3-21}$$

如果 $\sigma_s' \geq f_y'$，则表示受压钢筋屈服，此时应该取 $\sigma_s' = f_y'$。

下面再分析受压区混凝土被压坏的破坏情况。这种破坏也分为两种情况：破坏形式 3（$\varepsilon_s \geq \varepsilon_y$，即混凝土被压坏时钢筋屈服）；破坏形式 4（$\varepsilon_s < \varepsilon_y$，即混凝土被压坏时钢筋未屈服）。下面分别讨论：

（3）破坏形式 3：$\varepsilon_c = \varepsilon_{cu}$，$\varepsilon_{cf} < \varepsilon_{cfu}$，$\varepsilon_s \geq \varepsilon_y$，即混凝土压坏时，受拉钢筋已屈服，但 CFRP 尚未被拉断。此时，受压区混凝土高度 x 满足

$x_{n2} < x < x_{n3}$。破坏时的应力-应变关系如图 3-29 所示。

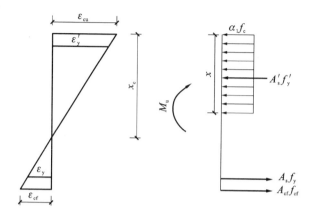

图 3-29　破坏形式 3 的应力应变关系

由应变关系得到 CFRP 的应变:

$$\varepsilon_{cf} = \frac{\varepsilon_{cu}(h - x_c)}{x_c} \tag{3-22}$$

由 $\sum N = 0$ 得:

$$\alpha_1 f_c bx + A'_s f'_y = A_s f_y + A_{cf} f_{cf} \tag{3-23}$$

代入整理得

$$a_1 x^2 + a_2 x + a_3 = 0 \tag{3-24}$$

式中

$$a_1 = f_c b$$
$$a_2 = A'_s f'_y - A_s f_y + A_{cf} E_{cf} \varepsilon_{cu}$$
$$a_3 = -A_{cf} E_{cf} \varepsilon_{cu} h$$

由上式可求得

$$x_c = \frac{-a_2 + \sqrt{a_2^2 - 4a_1 a_3}}{2a_1} \tag{3-25}$$

将截面上所有的力向混凝土合力作用点取矩,求得极限承载力:

$$M_u = A_s f_y (h_0 - x/2) + A_{cf} E_{cf} \varepsilon_{cf} (h - x/2) - A'_s f'_y (x - a'_s) \tag{3-26}$$

式中, $f_{cf} = 0.0033 E_{cf} \left(\dfrac{h}{x_{n3}} - 1 \right)$

x_{n3} 按照式(3-5)计算。

(4)破坏形式 4：$\varepsilon_c = \varepsilon_{cu}$，$\varepsilon_{cf} < \varepsilon_{cfu}$，$\varepsilon_s < \varepsilon_y$，此时受拉钢筋达不到屈服，证明加固没有必要或者 CFRP 加固面积太大。

3.2.4 CFRP 加固梁的极限贴布率的计算及分析

我们已经知道，在梁的受拉面粘贴碳纤维布相当于给梁增加受拉钢筋，使得钢筋屈服推迟。如前所述，钢筋混凝土梁经过碳纤维布加固后，有五种破坏模式。假设锚固可靠，梁未发生粘结破坏和剪切破坏，则梁主要有三种破坏形式：(1)钢筋屈服以前混凝土被压碎；(2)受拉钢筋首先屈服，混凝土压坏的同时碳纤维布被拉断；(3)受拉钢筋先屈服，然后混凝土被压碎。

对于第一种破坏形式，达到极限状态破坏时没有前兆，具有明显的突然性，其延性很低，属于超筋破坏。这种破坏主要是碳纤维布用量过多造成的。为了防止这种破坏，必须限制碳纤维布的用量。假定在钢筋屈服的同时混凝土被压坏，此时碳纤维布用量达到允许的最大值，即存在最大贴布率 $\rho_{cf,max}$。

对于第二种破坏形式，钢筋先屈服，混凝土压碎和碳纤维布被拉断同时发生，同样具有突然性，延性低。这种破坏主要是碳纤维布用量太少而造成的，必须增加碳纤维布的用量。假定在碳纤维布被拉断的同时混凝土被压碎，此时碳纤维布用量达到允许的最小值，即存在最小贴布率 $\rho_{cf,min}$。

因此，要保证混凝土梁发生延性破坏，则必须使 $\rho_{cf,min} \leqslant \rho \leqslant \rho_{cf,max}$，其中 ρ 为碳纤维布配布率。

此外，为了保证加固效果，我们还希望在达到极限状态破坏时，受压区边缘混凝土的压应变达到其峰值应变 ε_0。为了保证这一点，我们还提出另外一个最适合贴布率 $\rho_{cf,1}$。

在前面正截面承载力计算过程中，我们已经陆续提到了最大最小加固量的概念，下面对各种情况下的极限贴布率做出以下总结。

(1)保证受拉钢筋屈服的最大贴布率 $\rho_{cf,max}$

在破坏形式 3 中，混凝土压坏时，受拉钢筋已屈服，但 CFRP 尚未拉断。即 $\varepsilon_c = \varepsilon_{cu}$，$\varepsilon_{cf} < \varepsilon_{cfu}$，$\varepsilon_s \geqslant \varepsilon_y$。

由 $\sum N = 0$ 得式(3-23)。此时的加固量是保证受拉钢筋屈服的最大加固量。因为加固量再大的话，受拉钢筋将达不到屈服，加固材料不能充分利用。

最大加固量由下式求得：

$$A_{cf,max} = \frac{\alpha_1 f_c bx + A'_s f'_y - A_s f_y}{f_{cf}} \qquad (3-27)$$

式中

$$f_{cf} = 0.0033 E_{cf}\left(\frac{h}{x_{n3}} - 1\right)$$

$$x = \beta x_{n3}$$

$$x_{n3} = \frac{\varepsilon_{cu}}{\varepsilon_{cu} + \varepsilon_y} h_0$$

即最大贴布率为：

$$\rho_{cf,max} = \frac{A_{cf,max}}{bh} \qquad (3-28)$$

(2)保证碳纤维布不被拉断的最小贴布率 $\rho_{cf,min}$

在界限破坏中，当 CFRP 被拉断的同时，混凝土被压碎。

按式(3-6)进行计算，此时

$$x = \beta x_{n2} = \frac{\beta \varepsilon_{cu}}{\varepsilon_{cu} + \varepsilon_{cfu}} h$$

当 $x \geqslant 2a'_s$ 时，混凝土达到极限压应变，可以保证受压钢筋屈服，即取 $f'_s = f'_y$。如果受压钢筋未屈服，则应力 f'_s 按照式(3-7)进行计算。可以判断出，当碳纤维布粘贴面积 $A_{cf} > A_{cf,2}$ 时，混凝土被压碎时 CFRP 仍未拉断；反之，当碳纤维布粘贴面积 $A_{cf} < A_{cf,2}$ 时，混凝土未被压碎而 CFRP 先被拉断。因此，x_{n2} 或 $A_{cf,2}$ 可以作为判断加固梁是受压破坏还是受拉破坏的界限加固量。显然，$A_{cf,2}$ 为保证 CFRP 不被拉断的最小加固量。即最小贴布率为

$$\rho_{cf,min} = \frac{A_{cf,min}}{bh} = \frac{A_{cf,2}}{bh} \qquad (3-29)$$

（3）保证混凝土达到峰值应变的最适合贴布率 $\rho_{cf,1}$

在破坏形式 1 中，受压区混凝土应变还未达到峰值应变 ε_0，即 $\varepsilon_{cf} = \varepsilon_{cfu}$，$\varepsilon_c < \varepsilon_0$。

其界限加固量 $A_{cf,1}$ 可由平衡方程式（3-9）求得：

$$A_{cf,1} = \frac{\dfrac{2}{3}f_c b x_{ni} + A'_s f'_s - A_s f_y}{f_{cfu}} \qquad (3\text{-}30)$$

受压钢筋应力 f'_s，由式（3-7）计算而得。显然，当加固量小于 $A_{cf,1}$ 时，混凝土达不到峰值应变。因此，为了保证加固效果，应该使 $A_{cf} > A_{cf,1} = A_{cf,min}$。

为了保证加固效果，应该使 $f'_s > f'_y$。

即最合适贴布率为

$$\rho_{cf,1} = \frac{A_{cf,1}}{bh} \qquad (3\text{-}31)$$

式中　ε_{cfu} ——碳纤维布的极限拉应变；

　　　f_{cfu} ——碳纤维布的极限拉应力；

　　　ε_{cu} ——混凝土受压区边缘的极限压应变，取 0.0033；

　　　ε_y ——纵筋屈服应变，$\varepsilon_y = f_y/E_s$；

　　　h_0 ——截面有效高度；

　　　h ——截面高度；

　　　A_{cf} ——碳纤维布的截面面积；

　　　b ——截面宽度；

　　　E_{cf} ——碳纤维布的弹性模量。

针对本次试验梁，由上述公式计算的最大贴布率、最小贴布率和最合适贴布率分别为 0.13%、0.095%、0.041%。

由

$$\rho_{cf} = \frac{A_{cf}}{bh} = \frac{b_{cf} \cdot nt}{bh} \qquad (3\text{-}32)$$

式中　n——碳纤维布粘贴层数；

　　　t——单层碳纤维布的厚度。

因为在本次试验中是沿梁底面贴满碳纤维布，所以 $b_{cf} = b$。

则式（3-32）变成

$$\rho_{cf} = \frac{nt}{h} \qquad (3-33)$$

代入数据则得到碳纤维布粘贴层数

$n_{cf,max} = 3.11$

$n_{cf,1} = 2.23$

$n_{cf,min} = 0.97$

在本次试验中，所有的梁加固量均在极限贴布率的范围内，所以未发生超筋破坏和碳纤维布拉断破坏，理论计算和试验结果是一致的。而梁 L-3、梁 L-5、梁 L-6 均粘贴两层碳纤维布，和最合适贴布率比较接近，因而充分发挥了混凝土的抗压强度。只是由于梁 L-3 和梁 L-6 没有采取锚固措施，导致发生了剥离破坏，材料的强度均没有充分发挥。这在设计中应该通过合理的锚固措施予以避免。

3.2.5　CFRP 加固梁的剥离破坏现象及其防治措施

3.2.5.1　剥离破坏现象

前面已经提到，用碳纤维布加固钢筋混凝土梁后，在极限荷载的作用下，其破坏形式有以下几种：①碳纤维布被拉断破坏，即 CFRP 应力超过其抗拉强度；②混凝土被压碎破坏，即混凝土应变超过其极限压应变（0.0033）；③剪切破坏，即在简支点附近剪切应力超过极限剪切应力；④粘结剥离破坏，即由于应力集中引起加固梁界面间分层。对于粘结剥离破坏，在实际加固工程中以碳纤维布与部分混凝土一同被拉下的脆性粘结破坏最为常见。

碳纤维布加固混凝土结构属于二次组合结构，碳纤维布加固混凝土结构的整体效果主要通过其与混凝土之间良好的粘结来实现。任何引起粘结区域破坏的因素都可能导致结构发生突然破坏而达不到加固效果。因此，设计 CFRP 加固混凝土构件时必须考虑碳纤维布在切断点以及弯曲引起的裂纹处的剪力和法向剥离应力的最大值。当碳纤维布与混凝土粘结区域中多种应力作用形成的主应力超过混凝土的抗拉(剪)强度时,就会发生剥离破坏。

　　碳纤维布加固混凝土受弯构件的剥离破坏大致可以分为两大类:①碳纤维布末端粘结破坏形式;②碳纤维布中部粘结破坏形式。引起粘结破坏的力学机理比较复杂,在一些关键问题上还存在着争论。为控制加固后混凝土构件的粘结破坏,充分了解其破坏机理及主要影响参数,具有迫切性。提高 CFRP 加固后混凝土梁的极限承载力主要依赖于碳纤维布与混凝土梁保护层之间的粘结树脂对粘结应力的传递,高的粘结应力能促使它们中的一层与整体剥离,碳纤维布与粘结树脂胶界面之间的抗剪切能力比梁的外保护层与粘结树脂胶界面之间的抗剪切能力大约要高三倍以上,所以粘结剥离破坏往往发生在粘结胶与混凝土保护层之间。

　　值得注意的是,绝大多数的剥离破坏都发生在混凝土表层到钢筋保护层之间的范围内的混凝土上,极少发生在碳纤维布与混凝土的粘结界面上,也不会发生在碳纤维布与粘结层的界面上。在本次所做试验中,梁 L-3 和梁 L-6 在碳纤维布粘结末端,都发生了碳纤维布连同保护层混凝土被拉下来的剥离破坏形式,因此研究粘结剥离破坏机理及其模型具有重要的实际意义。

3.2.5.2　剥离破坏的影响因素

影响碳纤维布加固混凝土构件剥离破坏产生的主要原因有:

(1)混凝土强度

混凝土强度是影响剥离破坏最主要的因素。混凝土与外粘复合材料板间的粘结强度在一定的混凝土强度范围内随混凝土强度增加而增加。混凝土强度越低,越易发生剥离,即使强度较高的混凝土,其表面浅层部分由于浇筑时的模板效应作用,也不会达到测试的强度值,因而造成许多构件发生剥离破坏;对于既有的混凝土构件,由于碳化、老化、钢筋锈蚀等原因作用,表面浅层部分混凝土中已存在纵向和横向的细微裂缝,强度较低,更容易发生剥离。

(2)锚固长度和锚固方式

锚固长度越短,局部粘结应力越大,越易产生剥离破坏,锚固超过一定长度时，粘结应力基本不再增加，因此碳纤维布粘贴混凝土也存在一个最小锚固长度值；另外，横向用 U 形箍锚固防止纵向碳纤维布剥离的效果较为明显。

（3）加固材料的性质

树脂胶的刚性大，碳纤维布柔性好，可有效地降低剥离应力从而降低了剥离破坏的可能性。

（4）施工质量

施工时碳纤维布的粘贴平整、质量好，可以保证碳纤维布在横向上受力均匀，减少局部分离造成的剥离破坏，粘贴时碳纤维布与混凝土之间、碳纤维布与碳纤维布之间的树脂胶饱满、均匀有利于防止剥离破坏的发生及发展。

（5）受载历史

加固前构件的一次受力状态不同对剥离的发生和发展有不同的影响，在其他条件相同时，构件一次受力但未开裂或裂缝发展的开始阶段加固与未经一次受力即加固相比，发生剥离破坏的可能性相当；但随着裂缝发展的深入，在没有采取必要的防治措施时进行加固的情况下，则发生剥离破坏的可能性增大。

3.2.5.3　防治措施和建议

（1）附加锚固压条：在梁中碳纤维布端部、集中荷载作用点处、弯矩和剪力都比较大处，或锚固长度不够时加附加压条（U 形箍）锚固是简单而有效的措施。

（2）增加锚固长度：粘结应力与锚固长度有关，一般建议伸到构件的支座边缘。

碳纤维布的锚固长度可按下式计算：

$$l_{cf} = \delta_{cf} n t_{cf} / \tau_{cf}$$

式中　δ_{cf}——碳纤维布应力；

　　　n——碳纤维布层数；

　　　t_{cf}——一层碳纤维布厚度；

　　　τ_{cf}——碳纤维布与混凝土之间粘结强度。

（3）严格控制施工质量：保证碳纤维布粘贴面平整，树脂胶饱满、均匀，使碳纤维布受到纵向拉应力后横向尽量不发生受力不均匀现象，这样有利于保证碳纤维布与混凝土的整体粘结效果，抑制剥离的发生和发展。

（4）粘贴碳纤维布的层数不宜太多：在保证足够的加固量的前提下，尽量减少碳纤维布的层数可以降低加固材料的整体刚度，降低剥离应力。一般情况下，构件同一部位粘结碳纤维布的层数不宜超过 3 层，否则在增大加固材料的刚度的同时又加大了粘结材料浸渍入碳纤维布的难度，降低了碳纤维布间的粘结效果。

（5）严格选材。

（6）构件表面处理应严格。如果表面处理达不到要求，就会导致粘结界面薄弱，粘结强度降低，造成加固失效。

3.3　CFRP 加固破损钢筋混凝土梁抗弯性能试验研究

3.3.1　试验梁的设计制作

根据《碳纤维片材加固混凝土结构技术规程》和《混凝土结构设计规范》，此次试验总共设计制作了 12 根钢筋混凝土梁，其中少筋梁、适筋梁、超筋梁各四根，配筋率分别为 0.24％、1.42％、2.79％，其截面尺寸都相同，为 $bh＝120mm×200mm$，梁全长为 2000mm，计算长度为 1900mm，混凝土强度等级为 C25。试验梁的几何尺寸和配筋情况如图 3-30 所示，梁的材料用量见表 3-5。

若以 W_0、C_0、S_0、G_0 分别表示 $1m^3$ 混凝土中水、水泥、砂、石子的用量(kg)，则试验中的混凝土设计配合比：

$W_0：C_0：S_0：G_0＝175kg：301.7kg：616.4kg：1309.7kg$

此配合比由土木工程材料试验给定数据计算得到，并没有换算成施工配合比，其满足规范规定的要求。

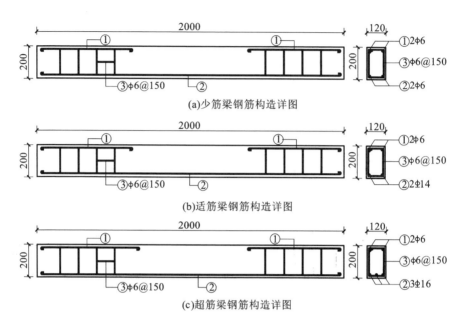

(a)少筋梁钢筋构造详图

(b)适筋梁钢筋构造详图

(c)超筋梁钢筋构造详图

图 3-30　试验梁钢筋构造详图

表 3-5　每根梁的材料表

梁别	①筋		②筋		③筋	
	形状	数量	形状	数量	形状	数量
少筋梁	600	4φ6	1950	2φ6	90 / 170	8φ6
适筋梁	600	4φ6	1950	2Φ14	90 / 170	8φ6
超筋梁	600	4φ6	1950	3Φ16	90 / 170	8φ6

3.3.2 结构加固方案

本试验中,梁 A1、B1、C1 为对比梁,直接加固未受损结构构件。梁 A2、B2、C2 在顶面、底面粘贴一层碳纤维布并设置 100mm 宽环箍加固破坏构件;梁 A3、B3、C3 在顶面、底面粘贴两层碳纤维布并设置 100mm 宽环箍加固破坏构件;梁 A4、B4、C4 粘贴一层碳纤维布,并且与前面不同的是环箍宽度采用 200mm,用来分析环箍间距对于加固效果的影响。各梁加固方案见表 3-6,加固示意图如图 3-31 所示。

表 3-6 各梁加固方案

试件编号	梁类别	荷载	粘贴层数	U 形箍宽度（mm）
A1	少筋梁	未受损加固	一层	100
A2	少筋梁	加载至破坏后碳纤维布加固	一层	100
A3	少筋梁	加载至破坏后碳纤维布加固	两层	100
A4	少筋梁	加载至破坏后碳纤维布加固	一层	200
B1	适筋梁	未受损加固	一层	100
B2	适筋梁	加载至破坏后碳纤维布加固	一层	100
B3	适筋梁	加载至破坏后碳纤维布加固	两层	100
B4	适筋梁	加载至破坏后碳纤维布加固	一层	200
C1	超筋梁	未受损加固	一层	100
C2	超筋梁	加载至破坏后碳纤维布加固	一层	100
C3	超筋梁	加载至破坏后碳纤维布加固	两层	100
C4	超筋梁	加载至破坏后碳纤维布加固	一层	200

注:构件破坏后是完全卸载后加固。

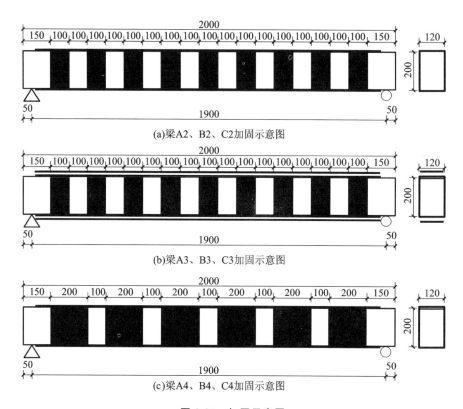

(a)梁A2、B2、C2加固示意图

(b)梁A3、B3、C3加固示意图

(c)梁A4、B4、C4加固示意图

图 3-31　加固示意图

3.3.3　材料力学性能

(1)钢筋力学性能

在试验准备阶段,对每种型号的钢筋预留三根进行材料试验,取其平均值填入下表。实际测量得到钢筋的基本力学性能,见表 3-7。

表 3-7　钢筋基本力学性能

规格	屈服强度(MPa)	极限强度(MPa)	弹性模量(GPa)
6	246	368	210
14	334	466	200
16	335	455	200

（2）混凝土力学性能

浇筑混凝土时，设计制作了三个 150mm×150mm×150mm 的标准立方体试块，按照规范规定的条件养护，实际测量并取测量值的平均值得到混凝土立方体抗压强度为 $f_{cu}=26.23\text{N/mm}^2$。

（3）加固用材料力学性能

碳纤维布采用武汉长江加固技术有限公司的 CJ200-Ⅱ碳纤维布，粘结用的结构胶采用该公司的 YZJ-CQ 纤维复合材料浸渍粘结用胶，材料性能见表 3-8、表 3-9。

表 3-8　碳纤维布性能

品种编号	设计厚度（mm）	纤维总量（g/m²）	弹性模量（MPa）	拉伸强度（MPa）
HJ-2009-A-45	0.11	200	2.7×10^5	3187.8

表 3-9　粘结用胶性能

品种编号	弹性模量（MPa）	拉伸强度（MPa）
HJ-2009-A-26	3129.1	58.3

3.3.4　试验装置和测量内容

为了达到试验研究的目的，需要根据要求在构件上设置一定数量的仪器仪表和应变片，方便测量要求的各种参数，本试验要进行的测量包括：梁跨中截面的应变和跨中挠度、梁下部受拉钢筋的应变、碳纤维布应变、观察裂缝发展情况和破坏形态。

（1）试验装置

本试验采用微机电液伺服加载系统，采用分配梁对试验梁进行两点加载，加载装置图如图 3-32 所示。

（2）测点布置

根据本试验的目的和测试内容，测点布置如下：

a. 钢筋应变测量点：在受拉区最外侧受力钢筋上布置电阻应变片测点两个，其安放在跨中截面处，并且在浇筑混凝土之前做好贴片以及防潮处理，以保证浇筑后应变片可用。

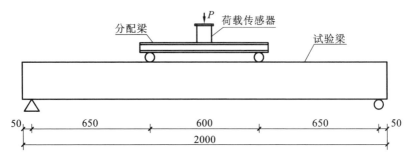

图 3-32　三分点加载装置图

  b.混凝土应变测量点：在钢筋混凝土梁跨中侧表面粘贴四个电阻应变片，梁底粘贴两个电阻应变片。

  c.挠度测量点布置：在跨中处和两端支座处共安放三个百分表。

  d.碳纤维布应变测量点：在钢筋混凝土梁跨中侧表面粘贴四个电阻应变片，梁底粘贴两个电阻应变片。

  仪器仪表和电阻应变片布置如图 3-33 所示。

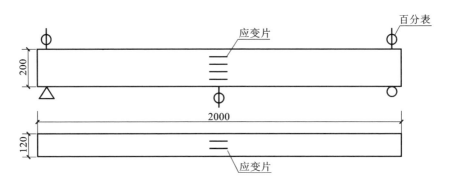

图 3-33　仪器仪表和电阻应变片布置图

  （3）研究内容

  试验主要分析碳纤维布加固破损钢筋混凝土梁的抗弯性能，主要研究：

  a.碳纤维布加固破损梁的正截面承载力比加固前的提高程度；

  b.碳纤维布粘贴层数的改变对加固效果的影响；

  c.碳纤维布环箍宽度对加固效果的影响；

d. 少筋梁、适筋梁、超筋梁加固的破坏模式和特点；

e. 分析试验结果，进行理论论证。

为了达到以上的研究目的，需要测量的内容是：

a. 观察梁的破坏特点，记录试验梁的破坏荷载；

b. 记录试验梁的跨中挠度，方便绘制荷载-挠度曲线；

c. 试验梁跨中截面不同高度的应变值；

d. 试验梁跨中受拉钢筋的应变值；

e. 试验梁沿着构件长度方向跨中碳纤维布应变值；

f. 观察并记录裂缝发展情况。

3.3.5 试验总体步骤

(1) 少筋梁、适筋梁和超筋梁分别按照一定的加载值加载，试验梁和分配梁的自重等作为作用在结构上的初始荷载。

(2) 按照试验要求把电阻应变片粘贴在要求位置，并对应变片做防潮防水处理，引出应变片的导线，装好百分表。

(3) 先进行预加载，测量读取相应数据，同时观察试件、装置和仪器工作是否正常，如果发现不正常的工作现象，及时排除故障。

(4) 正式开始试验时，把试验梁、分配梁的自重等作为第一级荷载值，记录测点读数，然后在试验中每级荷载加载完成后停顿五分钟，并且在规定的时间内记录各测点读数。

(5) 随着试验的进行，注意仪器仪表以及加载装置的工作情况，并且仔细观察裂缝的出现、发展，并记录在案，同时记录构件相对应的破坏形态。

(6) 待试验完成后，集中对构件进行碳纤维布加固，加固时严格按照规定进行。

(7) 重复加固前的试验步骤，做好相关数据的整理工作。

3.3.6 部分试验照片

部分试验照片如图 3-34～图 3-37 所示。

图 3-34　钢筋力学试验仪器

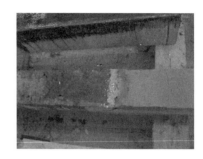

图 3-35　加固用结构胶

图 3-36　修补破损梁

图 3-37　粘贴碳纤维布

3.4　CFRP 加固破损钢筋混凝土梁试验结果与分析

3.4.1　试验梁的破坏特点

3.4.1.1　试验梁加固前的破坏现象

试验梁加固前的破坏都是比较典型的破坏模式。

梁 A2、A3、A4 都是少筋梁,它们的破坏模式基本都是当试验梁加载到 5.5kN 或者 6.0kN 的时候,构件开始出现第一批裂缝,裂缝细微,通过放大镜等辅助设备能清楚地看到,并且裂缝都出现在纯弯段,随着荷载的增加,裂缝开始增大,裂缝发展得非常迅速,并快速向梁顶蔓延。由于是少筋梁，其配筋率相对比较少，所以当混凝土开裂以后，其全部拉力就只能由钢筋承担，但是突然增加的应力导致少筋梁屈服，试验梁立刻发生破坏。破坏是指梁由于开裂严重而无法继续加载，丧失承载力。破坏时受压区混凝土没有压碎现象，裂缝宽度已经超过了 1.5mm，荷载只有 7.0～7.5kN。试验梁的破坏有一定的突然性，属于脆性破坏(图 3-38)。

图 3-38　少筋梁破坏模式

梁 B2、B3、B4 为适筋梁，其配筋率相对适中，其破坏模型也比较典型。随着荷载的增加，试验梁出现第一批裂缝，发生在梁的纯弯段，其开裂荷载为 10～12kN。然后荷载不断增加，原有裂缝会不断向梁顶延伸，裂缝宽度增加，并伴随着新的裂缝出现。随之而来的就是钢筋达到屈服，裂缝明显扩展，梁的挠度也明显增大，最终导致混凝土受压区被压碎无法继续加载而破坏。此时，试验梁破坏荷载大约为 48～50kN。这个过程从开裂到破坏有明显的预兆性，属于延性破坏(图 3-39)。

梁 C2、C3、C4 为超筋梁，在加载过程中，裂缝变化不明显，其裂缝出现比较晚，当荷载加到 18kN 左右的时候第一条裂缝才出现，随着荷载的不断增加，裂缝和挠度都有不断增加的趋势，当加载到 64～68kN 的时候受压区混凝土突然被压碎，但是此时钢筋并没有屈服，钢筋应变为 0.003184，具有超筋梁的破坏特点，这种破坏(图 3-40)也带有明显的脆性破坏的性质。

图 3-39　适筋梁破坏模式

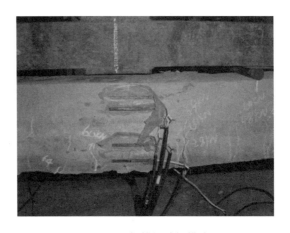

图 3-40　超筋梁破坏模式

3.4.1.2　试验梁加固后的破坏现象

少筋梁加固以后,其性能变化明显。未受损加固的试验梁 A1 的破坏比少筋梁的破坏有明显改善,虽然没有出现不增大荷载情况下挠度迅速增加的适筋梁破坏模式,但相比未加固的少筋梁而言,其破坏有一定的预兆性,梁的极限荷载是加固前少筋梁的极限荷载的 327%,延性性能增强。A2、A3、A4 破坏也与加固前有一些变化,加固后由于碳纤维布的缘故,对裂缝的观察并不清楚,随着荷载的增加裂缝沿着原有破损构件的裂缝发展，并且裂缝扩展迅速，加载后期可以明显地听到碳纤维布发出"噼啪"声，这种"噼啪"声随着荷载的增加越来越清晰，然后随着清脆的"啪"的一声，梁底碳纤维布被拉断（受压区混凝土还是没有出现压碎现象），最终导致了构件的破坏。构件破坏时，碳纤维布的断裂面齐整，并且可以看到剥离破坏并不明显，断裂碳纤维布上粘贴的混凝土保护层并不多。少筋梁加固破坏如图 3-41 所示。

图 3-41　少筋梁加固破坏图

未受损加固的 B1 梁比 B2、B3、B4 适筋梁加固前后的承载能力大很多，其裂缝发展更是缓慢。而 B2、B3、B4 适筋梁的裂缝在原裂缝发展的基础上又有一些新的裂缝出现，新出现的裂缝大都出现在纯弯段，而且裂缝宽度和间距都较小。随着荷载的增加，钢筋的屈服变形增大，荷载转而由碳纤维布来承担，在这个过程中能听到试验梁碳纤维布发出的"噼啪"声，然后，试验梁的受压区混凝土达到极限受压承载能力而发生破损现象。在加载的整个过程中，没有发生粘结滑移现象。适筋梁加固破坏如图 3-42 所示。

超筋梁加固时，未受损加固的梁 C1 其破坏模式跟梁 C2、C3、C4 差别不大，均是由于受压区混凝土被压碎导致构件破坏的，但是，梁 C1 的裂缝发展明显要晚于梁 C2、C3、C4，并且梁 C1 加固后的极限承载能力比梁 C2、C3、C4 加固后的承载能力高很多。由于加固前梁的

图 3-42　适筋梁加固破坏图

破坏就是由受压区混凝土被压碎引起的,虽然经过后期的补强修复,但加固后的梁破坏还是混凝土纯弯段的受压区混凝土被压碎,并且在整个过程中也没有发生粘结滑移破坏。超筋梁加固破坏如图 3-43 所示。

图 3-43　超筋梁加固破坏图

3.4.2　试验结果

加固前后试验梁的极限荷载和相应位移,以及加固后试验梁的破坏模式见表 3-10。

表 3-10 荷载-位移试验结果数据

梁编号	加固前		加固后			提高幅度
	极限荷载（kN）	位移（mm）	极限荷载（kN）	位移（mm）	破坏形式	
A1	—	—	32	7.98	布断裂	—
A2	7.5	8.77	22	10.42	布断裂	193%
A3	7	8.57	26	13.69	布断裂	271%
A4	7	8.68	24	11.67	布断裂	243%
B1	—	—	68	16.47	布断裂	—
B2	48	17.52	52	20.86	布断裂	8.3%
B3	50	17.46	56	17.28	布断裂	12%
B4	48	17.62	52	21.98	布断裂	8.3%
C1	—	—	76	19.32	混凝土压碎	—
C2	64	23.65	68	19.6	混凝土压碎	6.25%
C3	64	22.78	70	20.08	混凝土压碎	9.4%
C4	68	23.89	68	22.11	混凝土压碎	0

注：提高幅度是指加固后比加固前极限荷载的增大幅度。

3.4.3 试验结果分析

影响试验梁承载能力的因素有很多，比如混凝土强度、加载速度、器械灵敏度、混凝土密实度等，这些因素都会对试验梁的结果造成一定的误差，为了尽量避免试验中外在因素的影响，所有试验梁都是由一批混凝土一次浇筑成型。通过对同一根或者同一批梁的相互比较，尽量减小其他因素对于试验结果的影响。

3.4.3.1 破损程度对加固梁的影响

国内外对于损伤加固的研究已经很多，但是大部分研究的极限只是把破损荷载加载到极限荷载的 70%，很少有对破损程度接近或者达到极限荷载的试验梁进行破坏试验研究。本试验比较少筋梁、适筋梁、超筋梁完好加固与破损到极限荷载加固这两种极限情况对梁的影响。

（1）试验梁抗弯承载力

破损程度对加固梁的抗弯承载力影响试验结果见表 3-11。

表 3-11　破损程度影响试验结果数据

梁编号	受力情况	屈服荷载（kN）		极限荷载（kN）	
		试验值	提高幅度	试验值	提高幅度
A0	未加固	7	—	7.5	—
A1	完好加固	28	300％	32	327％
A2	破损一层加固	18	157％	22	193％
B0	未加固	40	—	48	—
B1	完好加固	56	40％	68	41.7％
B2	破损一层加固	44	10％	52	8.3％
C0	未加固	52	—	64	—
C1	完好加固	64	23％	76	18.8％
C2	破损一层加固	60	15.4％	68	6.3％

注：A0、B0、C0 分别为 A2、B2、C2 加固前梁的试验数据。

由试验的结果分析可以得到：无论是少筋梁、适筋梁还是超筋梁，完好加固梁的屈服荷载和极限荷载都有增长，但随着配筋率的增加，这种增长程度不断减小。

对于破损加固的梁，差别比较明显。少筋梁破损加固后的屈服荷载和极限荷载增长幅度依然比较明显，增长幅度分别达到了 157％ 和 193％。适筋梁破损加固的屈服荷载和极限荷载有所增加但增长幅度有限，分别达到了 10％ 和 8.3％。超筋梁破损加固的屈服荷载增长幅度远大于其极限荷载的增长幅度，并且可以认为在误差范围内超筋梁破损加固的极限承载能力没有增长，这与构件以混凝土压碎为破坏准则有关。

试验数据表明，完好加固使得试验梁的抗弯承载能力提高明显，但提高程度受配筋率影响明显。破损加固梁的抗弯承载力提高水平与配筋率和混凝土强度有非常大的联系。

（2）试验梁的钢筋应变

试验梁的钢筋应变图如图 3-44 所示。

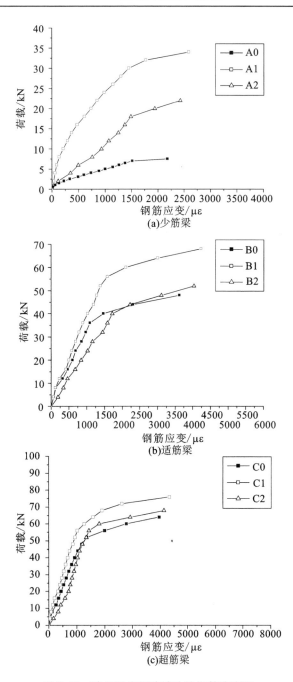

(a)少筋梁

(b)适筋梁

(c)超筋梁

图 3-44 破损程度影响试验的钢筋应变图

　　比较试验梁的荷载-钢筋应变曲线发现：

　　与未加固梁相比，完好加固梁的钢筋应变变化相对平缓，在同级荷载作用下钢筋应变相应地小于未加固梁，其所对应的开裂荷载和屈服荷载都比未加固梁有所提高，说明碳纤维布加固完好梁使得梁的刚度增强，挠度降低，提高了梁的承载能力。

　　少筋梁破损加固后在同一级别荷载作用下钢筋应变都要小于未加固梁，这是由于少筋梁加固后其受力模式发生了变化，由于碳纤维布的参与工作其受力性能向适筋梁转变。适筋梁破损加固构件的曲线走势在40kN之前都小于未加固梁，这是由于破损梁加固后其不能修复原有裂缝，使得在加载初期钢筋应变要比未加固梁的大，随着荷载增加，碳纤维布逐渐参与工作，钢筋应变就会逐渐小于未加固梁。超筋梁破损加固后表现出与适筋梁相似的特点，其50kN以前钢筋应变大于未加固梁，超过50kN后破损加固梁的钢筋应变则小于未加固梁。

　　比较完好加固梁与破损加固梁，由于初始裂缝的存在，破损加固梁应变分为两段式，而完好加固梁在梁开裂时也会出现一个折点从而呈现三段式的增长曲线。并且，破损加固梁的钢筋应变都大于对应加载等级的完好加固梁，说明破损梁钢筋承受的应力较大，相对刚度较小。

　　（3）试验梁的碳纤维布应变

　　试验梁的碳纤维布应变如图3-45所示。

　　从荷载-应变曲线看出碳纤维布的应变发展趋势与钢筋的应变发展趋势极为相似，这也验证了破损后梁的刚度降低明显，承载力水平损失严重。同时，对比钢筋与碳纤维布的应变情况，可以发现碳纤维布的应变要大于钢筋应变，并且随着荷载增加，应变差也随之增加，这符合截面性质，代表着构件依然符合平截面假定，两种材料之间没有发生相对滑移。

　　（4）试验梁的跨中挠度

　　构件刚度大小最直观的表现就是梁的跨中挠度，这是一个非常重要的指标，当挠度过大会给人心理上带来较大的不舒适感。这里着重研究破损与完好加固中碳纤维布对梁跨中挠度的影响。

　　试验梁的荷载-挠度曲线如图3-46所示。

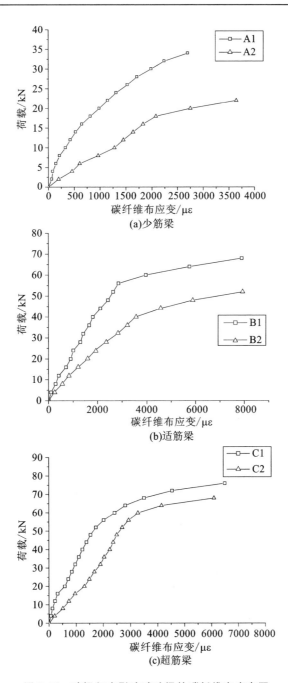

(a)少筋梁

(b)适筋梁

(c)超筋梁

图 3-45 破损程度影响试验梁的碳纤维布应变图

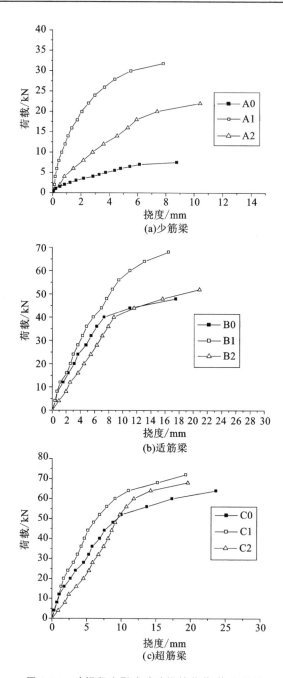

图 3-46　破损程度影响试验梁的荷载-挠度曲线

完好梁包括未加固梁和完好加固梁的荷载-挠度曲线大致可以分为三个阶段:一是加载初期直至混凝土出现裂缝,这个阶段梁保持了良好的线性性能,其荷载-挠度曲线也相应的是线性的;二是从混凝土开裂到钢筋屈服,这个阶段由于裂缝的出现,钢筋开始承受大部分的拉力,虽然荷载-挠度曲线依然保持线性性能,但是曲线所对应的斜率变小;三是从钢筋屈服到构件破坏,这个阶段最显著的特点是构件的挠度迅速增加。未加固少筋梁由于配筋率的原因,开裂后构件就迅速发生破坏,没有三阶段性能。适筋梁和超筋梁则充分表现了这种三阶段特性。而受损加固梁的荷载-挠度曲线则只有两个阶段,这是由于裂缝的存在使得第一阶段过程的折点没有出现。

从图上看,在相同荷载作用下,完好加固梁的挠度要明显低于破损加固梁,再参考其他文献资料,可以得到,梁损伤程度越大,其跨中挠度也就越大,梁的抗弯刚度也就越小。

3.4.3.2 碳纤维布粘贴层数对加固梁的影响

(1)试验梁的抗弯承载力

碳纤维布粘贴层数对加固梁的抗弯承载力影响试验结果见表 3-12。

表 3-12 碳纤维布粘贴层数影响试验结果

梁编号	受力情况	屈服荷载(kN)		极限荷载(kN)	
		试验值	提高幅度	试验值	提高幅度
A0	未加固	7	——	7.5	——
A2	破损一层加固	18	157%	22	193%
A3	破损两层加固	22	214%	26	247%
B0	未加固	40		48	——
B2	破损一层加固	44	10%	52	8.3%
B3	破损两层加固	44	10%	56	16.7%
C0	未加固	52		64	
C2	破损一层加固	60	15.4%	68	6.3%
C3	破损两层加固	60	15.4%	70	9.4%

通过比较表中数据可以发现：无论是少筋梁、适筋梁还是超筋梁，损坏后粘贴两层碳纤维布的梁其极限荷载都比粘贴一层有所增加。少筋梁 A3 比 A0 的极限荷载提高了 247%，而 A2 比 A0 提高了 193%；适筋梁 B3 比 B0 的极限荷载提高了 16.7%，而 B2 只是比 B0 提高了 8.3%；超筋梁 C3 比 C0 的极限荷载提高了 9.4%，而一层加固的 C2 比 C0 只提高了 6.3%。粘贴两层碳纤维布的梁比粘贴一层而言，少筋梁的屈服荷载有明显增加，而适筋梁和超筋梁的屈服荷载都没有增加。

如果与未受损直接加固的梁相比，无论破损加固粘贴几层碳纤维布都不能达到未受损直接加固梁的屈服荷载和极限荷载，这说明就加固效果而言破损加固的效果无法达到直接加固梁的效果。

（2）试验梁的钢筋应变（图 3-47）

比较钢筋荷载-应变曲线，无论是少筋梁、适筋梁还是超筋梁，粘贴两层碳纤维布在各级荷载作用下的钢筋应变都小于粘贴一层碳纤维布的情况，但随着配筋率的增加钢筋应变的减小程度减小。这说明增加碳纤维布的用量可以一定程度上提高构件刚度，改善钢筋受力性能。

（3）试验梁的碳纤维布应变（图 3-48）

试验中应变片粘贴在最外层碳纤维布上，比较碳纤维布的荷载-应变曲线发现其发展趋势与钢筋应变发展曲线非常相似，其粘贴两层碳纤维布在各级荷载作用下的应变都小于粘贴一层碳纤维布的应变，这说明碳纤维布的增加滞后了碳纤维布应变的增加。

但是试验中没有测量内侧碳纤维布的应变情况，无法判断在试验过程中两层碳纤维布之间的受力情况，也就无法了解两层碳纤维布在受力过程中承受应力大小的比例。对于这种情况的受力分析还需进一步研究分析。

（4）试验梁的挠度（图 3-49）

少筋梁、适筋梁、超筋梁的荷载-挠度曲线的共有特点是在同级荷载作用下，两层加固损伤梁比一层加固损伤梁的挠度小。少筋梁在损伤加固后其延性性能也有所加强，而适筋梁和超筋梁破损加固后的最

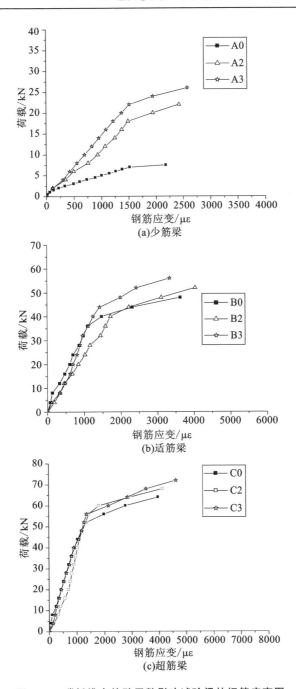

图 3-47 碳纤维布粘贴层数影响试验梁的钢筋应变图

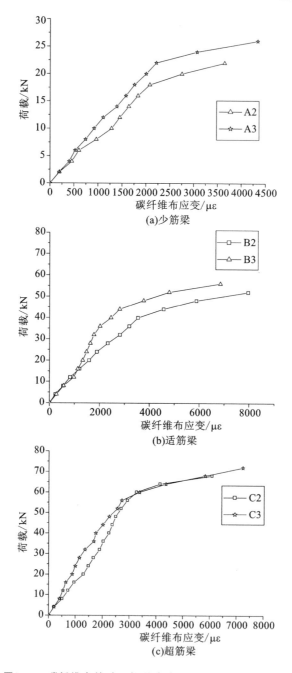

图3-48　碳纤维布粘贴层数影响试验梁的碳纤维布应变图

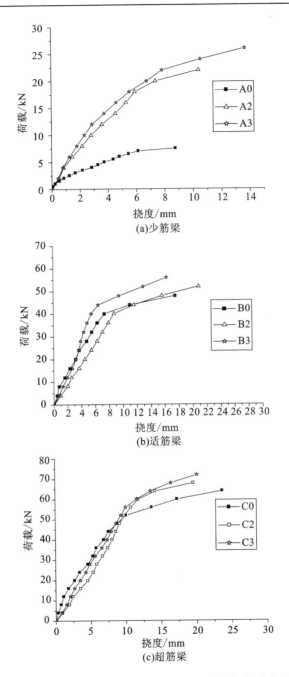

(a)少筋梁

(b)适筋梁

(c)超筋梁

图3-49 碳纤维布粘贴层数影响试验梁的荷载-挠度曲线

终跨中挠度变化不大，这与混凝土被压碎有关。加固后荷载-挠度曲线由于已经开裂所以没有开裂过程的折点，曲线总体分为两段式。

3.4.3.3　环箍宽度对加固梁的影响

（1）试验梁的抗弯承载力

环箍宽度对加固梁的抗弯承载力影响试验结果见表 3-13。

表 3-13　环箍宽度影响试验结果

梁编号	受力情况	屈服荷载(kN)		极限荷载(kN)	
		试验值	提高幅度	试验值	提高幅度
A0	未加固	7	—	7.5	—
A2	破损一层 100mm 宽环箍	18	157%	22	193%
A4	破损一层 200mm 宽环箍	18	157%	24	236%
B0	未加固	40		48	
B2	破损一层 100mm 宽环箍	44	10%	52	8.3%
B4	破损一层 200mm 宽环箍	44	10%	52	8.3%
C0	未加固	52		64	
C2	破损一层 100mm 宽环箍	60	15.4%	68	6.3%
C4	破损一层 200mm 宽环箍	56	7.69%	68	6.3%

通过比较表 3-13 中数据可以发现：环箍宽度对少筋梁承载能力有一定的影响，分析认为由于环箍宽度是从 100mm 变到 200mm，其设置相对密集，相当于增加了受拉区碳纤维布的用量。而对于适筋梁、超筋梁改变环箍宽度并不能对梁的屈服强度和极限强度有明显改善。

（2）试验梁的钢筋应变（图 3-50）

从总体的钢筋荷载-应变曲线可以分析到，在误差范围内改变环箍的宽度并不能改善钢筋的应变情况，但是由于环箍的作用可以有效地避免受弯构件出现受剪破坏先于受弯破坏的现象，也保证了混凝土梁与碳纤维布之间的良好粘结，避免出现粘结滑移破坏使得碳纤维布的强度得不到充分利用。

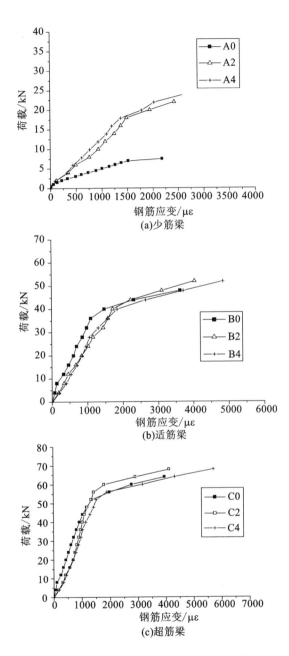

(a)少筋梁

(b)适筋梁

(c)超筋梁

图 3-50　环箍宽度影响试验梁的钢筋应变图

（3）试验梁的碳纤维布应变（图 3-51）

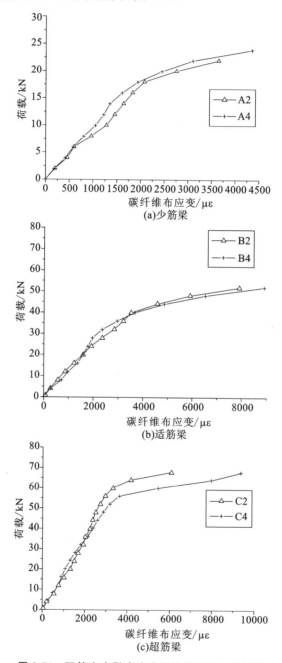

(a)少筋梁

(b)适筋梁

(c)超筋梁

图 3-51　环箍宽度影响试验梁的碳纤维布应变图

　　少筋梁、适筋梁、超筋梁的碳纤维布应变的变化受环箍作用影响有限,这说明碳纤维布加固中环箍宽度的改变不能使得碳纤维布承担更多的应力。从经济角度考虑,在保证混凝土与碳纤维布之间良好粘结的情况下,尽量合理选择合适数量的环箍,促使在经济效益和强度保证之间达到平衡。

　　(4)试验梁的挠度(图 3-52)

　　无论是少筋梁、适筋梁还是超筋梁,加固后的荷载-挠度曲线都变成了两段式,也就是由于初始裂缝的存在,加载初期梁的挠度要比未受损梁和未受损加固梁的挠度要大一些,但是环箍宽度对荷载-挠度曲线的改善不明显。

3.4.3.4　配筋率对加固梁的影响

　　梁的特点是受拉区混凝土一旦出现裂缝,那么所有的拉力都将变为由受拉钢筋承担,这时钢筋所承受的拉力将骤然增加。配筋率越低,混凝土梁的挠度、裂缝以及钢筋的应力增长的速度就越快。所以,配筋率与混凝土挠度、裂缝以及钢筋应力的关系,就直接影响了碳纤维布对于梁受力性能的改善程度。配筋率越小,碳纤维布参与受力的程度就越大,反之配筋率越大,碳纤维布的参与程度就越小。

　　通过对比少筋梁、适筋梁、超筋梁的试验现象与结果,可以总结得出:随着配筋率的增加,碳纤维布加固破损结构的承载力提高幅度不断减小。而对于超筋梁而言,其加固前后承载能力并没有明显的增加,分析认为超筋梁的破坏是以混凝土压碎为破坏准则,其破坏时受拉钢筋并没有达到极限荷载,而增设碳纤维布的实质就相当于增加钢筋用量,其对破坏结果没有明显影响。

3.4.3.5　碳纤维布对破损梁裂缝抑制作用机理

　　对于达到极限荷载的破损梁而言,其加固后并不能修复原构件的残余裂缝,由于裂缝的存在,随着荷载的不断增加原有裂缝处会因裂缝延展出现应力集中现象,使得原裂缝处碳纤维布的应变远高于构件的其他地方,碳纤维布的参与工作又有效地抑制了梁裂缝的进一步出

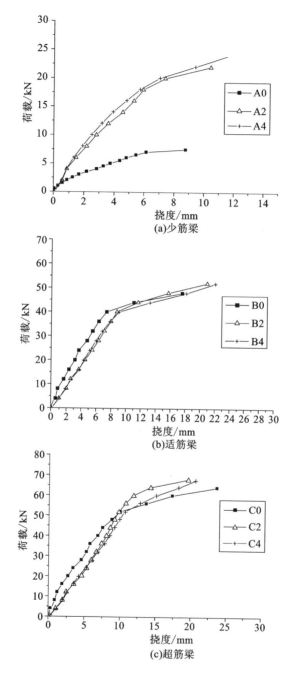

(a)少筋梁

(b)适筋梁

(c)超筋梁

图 3-52　环箍宽度影响试验梁的荷载-挠度曲线

现,从而使得破损构件不会或者很少出现新的裂缝。对于完好加固梁来说,初始阶段并没有裂缝,裂缝是随着荷载增加缓慢发展的,在这个过程中受到碳纤维布的约束,构件的裂缝发展是多而密,在同样的荷载作用下碳纤维布没有出现明显的应力集中现象,因此,加固初期碳纤维布对裂缝的抑制作用并不明显,其对刚度的影响主要表现在加固后期,这从少筋梁、适筋梁的加载历程来看最为明显。

3.5 CFRP 加固梁抗弯强度计算理论

CFRP 是具有诸多优点的混凝土补强材料,在实际工程中已经有了相对广泛的应用,并取得了一定的经济效益。通常是将碳纤维布粘贴在混凝土梁的梁底,利用碳纤维布的高强度提高构件承载能力、抗裂能力,增强刚度等。但是碳纤维材料从加载到破坏表现出的线弹性特性,使得其与混凝土存在受力机理的差别。因此,混凝土设计中采用的极限状态并不适用于碳纤维补强材料,要对其极限状态做出明确界定,并要提出正截面抗弯承载力的计算公式,以方便设计人员运用公式进行工程结构设计,使得设计加固更加安全、经济、合理。

3.5.1 梁正截面强度计算基本原则

3.5.1.1 基本假定

根据《碳纤维片材加固混凝土结构技术规程》《混凝土结构设计规范》,对正截面计算采用下列的基本假定:

(1)平截面假定:虽然在截面开裂后,平截面假定并不适合,但对于纯弯段,人们认为平截面假定是适合的。

(2)不考虑混凝土的拉应力。

(3)混凝土应力-应变曲线为:

$$\sigma = f_c \left[2 \frac{\varepsilon}{\varepsilon_0} - \left(\frac{\varepsilon}{\varepsilon_0} \right)^2 \right] \qquad \varepsilon \leqslant \varepsilon_0 \qquad (3\text{-}34)$$

$$\sigma = f_c \qquad \varepsilon_0 \leqslant \varepsilon \leqslant \varepsilon_{cu} \qquad (3\text{-}35)$$

式中　f_c——混凝土极限抗压强度;

　　　ε_0,ε_{cu}——混凝土屈服压应变、极限压应变,$\varepsilon_0 = 0.002$,$\varepsilon_{cu} = 0.0033$。

(4)钢筋应力采用应变和钢筋弹性模量的乘积。

(5)碳纤维布采用理想弹性应力-应变曲线,$\sigma_{cf} = E_{cf}\varepsilon_{cf}$。

(6)保持碳纤维布与混凝土的良好粘结,两者不存在滑移。

3.5.1.2　CFRP 加固梁破坏模式和特征分析

CFRP 加固混凝土梁的破坏模式一般有以下五种情况:

(1)第一类适筋破坏。构件破坏时钢筋屈服,受压区混凝土达到抗压强度极限值,而碳纤维布还没有达到极限拉应变。

(2)第二类适筋破坏。构件破坏时钢筋屈服,碳纤维布拉断,受压区混凝土没有达到极限抗压强度。

(3)超筋破坏,混凝土被压碎,但是受拉区钢筋没有屈服。

(4)混凝土保护层剥离破坏。

(5)碳纤维布与混凝土剥离破坏。

在加固工程中,尽量使梁发生适筋破坏,因为其破坏具有普通梁适筋破坏特性,具有较好的延性特性,其正截面承载力计算主要针对这种情况。出现超筋破坏时 CFRP 的高强度特性没有被发挥,造成了资源的大量浪费,不经济,而且破坏带有脆性特性。混凝土保护层剥离破坏和碳纤维布与混凝土剥离破坏是由于混凝土强度过低、锚固不足或者粘结材料强度不足导致的。后两种破坏模式要在结构加固中采取构造措施,如果在建筑加固中出现这两种破坏模式就说明加固失败。

CFRP 加固混凝土梁的特征破坏模式应变图如图 3-53 所示。

破坏模式一:混凝土受压区高度 $x_{cb} \leqslant x_{cb1}$ 时,破坏时 $\varepsilon_c < \varepsilon_0$、$\varepsilon_s = [\varepsilon_{cf}] + \varepsilon_i$。这种破坏受拉钢筋屈服,碳纤维布拉断,说明钢筋与碳纤维布的用量过低,破坏类型类似普通梁的少筋破坏,带有脆性破坏特性,可通过增加碳纤维布用量来改善这种模式。图中①为少筋破坏模式与适筋破坏模式之间的界限状态。

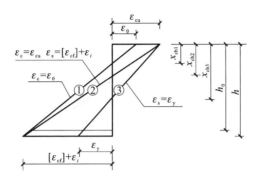

图 3-53 特征破坏模式应变图

破坏模式二:混凝土受压区高度 $x_{cb} \geqslant x_{cb3}$ 时,破坏时 $\varepsilon_c = \varepsilon_{cu}$、$\varepsilon_s <$ ε_y。此时混凝土压碎,说明碳纤维布用量过多或者可以不用加固,破坏类型与普通梁的超筋破坏类似,也带有明显脆性特性。图中③为适筋破坏模式与超筋破坏模式的界限状态。

破坏模式三:混凝土受压区高度 $x_{cb1} < x_{cb} < x_{cb3}$ 时,破坏时 $\varepsilon_0 <$ $\varepsilon_c < \varepsilon_{cu}$、$\varepsilon_y < \varepsilon_s < [\varepsilon_{cf}] + \varepsilon_i$。梁可能出现第一类和第二类适筋破坏。破坏应变图介于①和③之间。图中②为两类适筋破坏的极限状态:受拉区钢筋屈服并且与此同时受压区混凝土也达到其极限状态的碳纤维布加固用量(CRFP 达到极限抗拉强度)。

第一类和第二类适筋破坏的界限②应变如图所示,可推出其相对界限受压区高度:

$$\xi_{cfb} = \frac{0.8x_{cb2}}{h_0} = \frac{0.8\varepsilon_{cu}}{\varepsilon_{cu} + [\varepsilon_{cf}] + \varepsilon_i} \cdot \frac{h}{h_0} \qquad (3\text{-}36)$$

当 $\xi < \xi_{cfb}$ 时,第一类适筋破坏(混凝土先于 CFRP 破坏)。

当 $\xi > \xi_{cfb}$ 时,第二类适筋破坏(CFRP 先于混凝土破坏)。

对应于界限状态的弯矩为:$M_b = \xi_{cfb}(1 - 0.5\xi_{cfb})f_c b h_0^2$。

3.5.1.3 CFRP 加固梁承载能力极限状态界定

承载能力极限状态是在适筋梁的基础上来计算的,通过控制配筋率避免出现少筋现象,也通过控制受压区的界限高度来避免出现超筋现象。按照这样的理论分析梁会发生弯曲受拉破坏,主要表现为在极限弯矩的作用下,受力区钢筋最先达到屈服,此时应力基本保持不变而梁出现明显塑性变形,紧接着受压区混凝土被压碎。CFRP 加固后由于碳纤维布参与受力,在钢筋屈服后使得梁的挠度及裂缝减小,破坏时由于碳纤维布的线性性质而出现复杂受力情况。建筑加固中要保证结构构件的安全储备,避免出现脆性破坏,因此,规范一般规定了受压区混凝土的极限压应变,通常取 0.0033,并且要保证在构件破坏时碳纤维布拉应变 $\varepsilon_{cf} \leqslant [\varepsilon_{cf}]$(容许拉应变)。针对加固中的碳纤维布拉断现象建议加大碳纤维布的使用量以保证结构足够的安全储备。

对于普通构件的界限破坏是这样定义的:受拉钢筋屈服的同时,受压区的混凝土也达到极限应变状态。而在建筑加固时,在保证受拉区钢筋屈服的同时受压区混凝土也达到极限状态的碳纤维布用量(CFRP 达到极限抗拉强度)为界限状态。

3.5.2　正截面抗弯承载能力计算

3.5.2.1　第一类适筋破坏计算方法

当 $x_{cb} > \xi_{cfb}h$ 时,第一类适筋破坏(混凝土先于 CFRP 破坏,CFRP 没有到达极限应变),如图 3-54 所示。

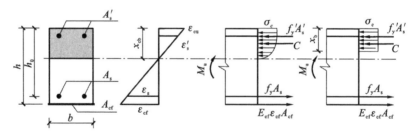

图 3-54　第一类适筋破坏截面计算简图

由图中的应变关系可以得到:

$$\frac{x_{cb}}{h} = \frac{\varepsilon_{cu}}{\varepsilon_{cu} + \varepsilon_{cf} + \varepsilon_i} \qquad (3-37)$$

又由平截面假定可知:

$$x_b = \beta_1 x_{cb} \qquad (3-38)$$

从而可以推出：

$$x_{\mathrm{b}} = \frac{\varepsilon_{\mathrm{cu}}}{\varepsilon_{\mathrm{cu}} + \varepsilon_{\mathrm{cf}} + \varepsilon_i} \beta_1 h \qquad (3\text{-}39)$$

混凝土合力简化为：

$$C = \alpha f_{\mathrm{c}} b x_{\mathrm{b}} \qquad (3\text{-}40)$$

钢筋、碳纤维布合力为：

$$T = f_{\mathrm{y}} A_{\mathrm{s}} - f'_{\mathrm{y}} A'_{\mathrm{s}} + E_{\mathrm{cf}} \varepsilon_{\mathrm{cf}} A_{\mathrm{cf}} \qquad (3\text{-}41)$$

则由 $C = T$ 得：

$$\alpha f_{\mathrm{c}} b x_{\mathrm{b}} = f_{\mathrm{y}} A_{\mathrm{s}} - f'_{\mathrm{y}} A'_{\mathrm{s}} + E_{\mathrm{cf}} \varepsilon_{\mathrm{cf}} A_{\mathrm{cf}} \qquad (3\text{-}42)$$

极限弯矩为：

$$M_{\mathrm{u}} = f_{\mathrm{y}} A_{\mathrm{s}} \left(h_0 - \frac{x_{\mathrm{b}}}{2} \right) + f'_{\mathrm{y}} A'_{\mathrm{s}} \left(\frac{x_{\mathrm{b}}}{2} - a'_{\mathrm{s}} \right) + E_{\mathrm{cf}} \varepsilon_{\mathrm{cf}} A_{\mathrm{cf}} \left(h - \frac{x_{\mathrm{b}}}{2} \right)$$

$$(3\text{-}43)$$

因为第一类适筋破坏与普通适筋梁的破坏极为相似，因此在简化应力图形时可以运用规范中的等效图表示受压区混凝土。

3.5.2.2 第二类适筋破坏计算方法

当 $x_{\mathrm{cb}} \leqslant \xi_{\mathrm{cfb}} h$ 时，第二类适筋破坏（CFRP 先于混凝土破坏，混凝土没有到达极限应变），如图 3-55 所示。

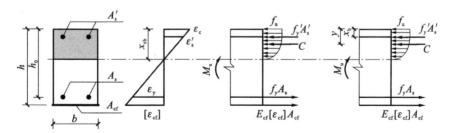

图 3-55 第二类适筋破坏截面计算简图

现在加固中碳纤维布极限拉应变 ξ_{cfu} 通常取为 0.015 左右，所以根据《碳纤维片材加固混凝土结构技术规程》允许拉应变

$$[\xi_{\mathrm{cf}}] = \min\left(\frac{2}{3} \xi_{\mathrm{cfu}}, 0.01 \right) = 0.01, \varepsilon_{\mathrm{cu}} = 0.0033 \qquad (3\text{-}44)$$

$$\xi_{cfb} = \frac{0.8x_{cb2}}{h_0} = \frac{0.8\varepsilon_{cu}}{\varepsilon_{cu} + [\varepsilon_{cf}] + \varepsilon_i} \cdot \frac{h}{h_0} \leqslant \frac{0.8\varepsilon_{cu}}{\varepsilon_{cu} + [\varepsilon_{cf}]} \cdot \frac{h}{h_0} \quad (3\text{-}45)$$

从而可以得到破坏时界限受压区高度 $x_{cb2} \leqslant 0.2h$。发生第二类适筋破坏时 $x < x_{cb2} \leqslant 0.2h$。由于受压区钢筋应力较小，在计算中不考虑受压区钢筋的作用。

第二类适筋破坏混凝土没有达到极限应变，所以规范中简化的等效应力图形不能使用，这导致抗弯能力的计算变得极其复杂，这就使得计算的关键转变为如何合理正确地选择混凝土受压区的简化应力模型。大量的研究表明，应该把混凝土受压区的应力简化为矩形以及二次抛物线的组合，从而可以计算截面的极限承载力。

由图中的应变关系可以得到：

$$\frac{\varepsilon_c}{[\varepsilon_{cf}] + \varepsilon_i} = \frac{x_{cb}}{h - x_{cb}} \quad (3\text{-}46)$$

$$\varepsilon_c = \frac{x_{cb}}{h - x_{cb}}([\varepsilon_{cf}] + \varepsilon_i) \quad (3\text{-}47)$$

$$f_c = E_c \varepsilon_c = \frac{E_c x_{cb}}{h - x_{cb}}([\varepsilon_{cf}] + \varepsilon_i) \quad (3\text{-}48)$$

第二类适筋破坏，混凝土受压区发生弹塑性变形，令变化量为 x_{b1}，则

$$\frac{\varepsilon_0}{[\varepsilon_{cf}] + \varepsilon_i} = \frac{x_{cb} - x_{b1}}{h - x_{cb}} \quad (3\text{-}49)$$

$$x_{b1} = x_{cb} - \frac{\varepsilon_0(h - x_{cb})}{[\varepsilon_{cf}] + \varepsilon_i} \quad (3\text{-}50)$$

然后对混凝土受压区的合力：

$$C = \alpha f_c b x_{b1} + \alpha \sigma_c b(x_{cb} - x_{b1}) \quad (3\text{-}51)$$

$$= f_c b x_{cb} - (f_c - \sigma_c) b(x_{cb} - x_{b1})$$

$$= f_c b x_{cb} - \frac{1}{3} f_c b(x_{cb} - x_{b1})$$

$$C = \frac{1}{3} f_c b(2x_{cb} + x_{b1}) \quad (3\text{-}52)$$

钢筋、碳纤维布合力：

$$T = f_y A_s + E_{cf} [\varepsilon_{cf}] A_{cf} \quad (3\text{-}53)$$

则由 $C = T$ 得：

$$\frac{1}{3}f_c b(2x_{cb} + x_{b1}) = f_y A_s + E_{cf}[\varepsilon_{cf}]A_{cf} \tag{3-54}$$

解得：

$$x_{cb} = \frac{3(f_y A_s + E_{cf}[\varepsilon_{cf}]A_{cf})([\varepsilon_{cf}] + \varepsilon_i) + f_c b\varepsilon_0 h}{f_c b[3([\varepsilon_{cf}] + \varepsilon_i) + \varepsilon_0]} \tag{3-55}$$

混凝土合力作用点到受压区边缘的距离 y：

$$y = \frac{1}{6}(2x_{cb} + x_{b1}) \tag{3-56}$$

极限弯矩为：

$$M_u = f_y A_s(h_0 - y) + E_{cf}[\varepsilon_{cf}]A_{cf}(h - y) \tag{3-57}$$

当混凝土受压区高度 $x_{cb} < \xi_{cfb} < 2a'_s$ 时，$y < \frac{1}{2}x_{cb} < \frac{1}{2}\xi_{cfb}h$

此时，偏于安全考虑取

$$M_u = f_y A_s(h_0 - 0.5\xi_{cfb}h) + E_{cf}[\varepsilon_{cf}]A_{cf}(h - 0.5\xi_{cfb}h) \tag{3-58}$$

当混凝土受压区高度进一步减小为 $x_{cb} < 2a'_s < \xi_{cfb}h$ 时，$y < \frac{1}{2}x_{cb}$

$< \frac{1}{2} \cdot 2a'_s = a'_s$

此时，偏于安全考虑取

$$M_u = f_y A_s(h_0 - a'_s) + E_{cf}[\varepsilon_{cf}]A_{cf}(h - a'_s)x_{cb} \tag{3-59}$$

3.5.3 碳纤维布强度折减分析

无论是在试验还是在实际工程中都会发现由于碳纤维布与混凝土之间受力复杂性，使得碳纤维布一般未能达到极限应变就已经发生破坏，因此，对 CFRP 加固混凝土梁的承载能力计算时要考虑材料的折减系数。本章对于第一类适筋破坏的材料折减进行了初步探索。

(1)对于粘贴一层碳纤维布的梁要考虑环境因素的影响，这种环境因素包括温度、湿度、工作环境等。根据相关试验和理论分析通常对于密闭环境折减系数取 0.95，开放环境或者恶劣环境折减系数取 0.85。

那么梁的抗弯承载能力就变为：

$$M \leqslant \varphi M_\mathrm{u} \tag{3-60}$$

$$M_\mathrm{u} = f_\mathrm{y}A_\mathrm{s}\left(h_0 - \frac{x_\mathrm{b}}{2}\right) + f_\mathrm{y}'A_\mathrm{s}'\left(\frac{x_\mathrm{b}}{2} - a_\mathrm{s}'\right) + \psi E_\mathrm{cf}\varepsilon_\mathrm{cf}A_\mathrm{cf}\left(h - \frac{x_\mathrm{b}}{2}\right) \tag{3-61}$$

其中　φ——承载力折减系数，通常受弯曲荷载时取 0.9。

　　　ψ——碳纤维布折减系数。

（2）对于粘贴多层碳纤维布的梁，折减系数包括两部分：一是碳纤维布利用折减系数 ψ。碳纤维布本身刚度较小，其通过限制裂缝发展来改善梁抗弯刚度的能力有限，并且碳纤维布破坏带有突然性，通常取 ψ 为 0.85；二是碳纤维布的层数过多就会使得加固效果降低，其层数折减系数取为 β。粘贴不同层数碳纤维布的梁折减系数见表3-14。

表 3-14　粘贴不同层数碳纤维布的梁折减系数取值表

折减系数	粘贴层数		
	1	2	3
β	1	0.85	0.8
ψ	0.85	0.723	0.68

3.6　CFRP 加固试验梁的有限元分析

3.6.1　试验梁有限元模型建立

3.6.1.1　材料本构关系的选择

（1）混凝土本构关系

本章采用的混凝土单轴应力应变状态曲线的上升段采用的是《混凝土结构设计规范》(GB 50010—2010，2015 年版)的公式，应力应变曲线的下降段采用的是 Hongnestad 公式。

当 $\varepsilon_c \leqslant \varepsilon_0$ 时，$\sigma_c = f_c \left[1 - \left(1 - \dfrac{\varepsilon_c}{\varepsilon_0} \right)^n \right]$；

当 $\varepsilon_0 \leqslant \varepsilon_c \leqslant \varepsilon_{cu}$ 时，$\sigma_c = f_c \left[1 - 0.15 \left(\dfrac{\varepsilon_c - \varepsilon_0}{\varepsilon_{cu} - \varepsilon_0} \right) \right]$。

在以上公式中，取 $n = 2$，$\varepsilon_0 = 0.002$，$\varepsilon_{cu} = 0.0033$，$f_c$ 为混凝土抗压强度，σ_c 为混凝土应力，ε_c 为混凝土应变。

在 ANSYS 混凝土本构关系的设置中，定义了泊松比为 0.3。

（2）钢筋本构关系

钢筋有明显的屈服强度，由于试验研究的要求，在 ANSYS 中钢筋采用的是线弹性强化弹塑性本构关系模型，把钢筋的应力-应变关系曲线分成弹性和强化两个阶段，如图 3-56 所示：

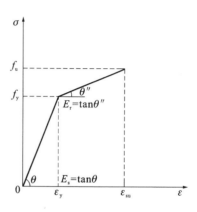

图 3-56　钢筋本构关系曲线

$$\begin{cases} \varepsilon_s = \dfrac{\sigma_s}{E_s} & |\sigma| \leqslant \sigma_{xy} \text{ 加载} \\[3mm] \varepsilon_s = \dfrac{\sigma_s}{E_s} + (|\sigma| - \sigma_{xy}) \left[\dfrac{1}{E_T} - \dfrac{1}{E_s} \right] \text{sign}(\sigma)b = \dfrac{d\sigma}{E_s} & |\sigma| > \sigma_{xy} \text{ 卸载} \end{cases}$$

$$\text{sign}(\sigma) = \begin{cases} 1 & \sigma > 0 \\ 0 & \sigma = 0 \\ -1 & \sigma < 0 \end{cases}$$

其中 sign 表示加载或者卸载的数学符号。

（3）碳纤维布本构关系

CFRP 加固梁的一般破坏模式有：混凝土压碎、钢筋屈服或达到极限、碳纤维布拉断、界面剥离破坏等。通常情况下，只要保证碳纤维布与混凝土之间良好的粘结效应，就不会出现界面剥离的现象，所以通过良好的构造措施可以避免界面剥离破坏。试验表明，碳纤维布是弹性材料，碳纤维布适合使用理想线弹性本构关系来模拟。

3.6.1.2　建模方式的选择

ANSYS 建模的方式有很多种,比较灵活,有自上而下的建模方式,也有自下而上的建模方式。自上而下进行建模时,用户通过定义如球、棱柱(基元)等的最高级的图元模型,有限元程序根据实际要求自动定义对应的面、线、点。本章采用的是自上而下的建模方式,首先建立一个长方体(图 3-57),然后对长方体进行单元网格划分(图 3-58),再由划分网格后形成的节点准确定位出钢筋、碳纤维布的位置(图 3-59～图 3-61)。

对试验梁的网格进行划分时,考虑到计算收敛性和计算精度的要求,试验梁中网格划分单元尺寸为 20mm×20mm×50mm。

钢筋与混凝土单元共用节点,保证了钢筋与混凝土之间良好的粘结性能,使两者不发生滑移。同样,碳纤维布与混凝土之间也要保证有良好的粘结,使得两者不会出现滑移,所以利用了耦合命令,保证本次试验不出现滑移的假定。

在建模的时候在荷载施加位置设置垫块,并且在支座处也设置垫块,支座约束通过节点约束来实现,梁一侧支座垫块处约束了 x、y、z 这三个方向,另一侧支座垫块处约束 y、z 这两个方向(图 3-62)。垫块设置的目的是防止荷载作用位置的混凝土被压碎,在计算中发现对于这样的一个简支梁,在不设置垫块的情况下,计算结果收敛性比较差,所以要设置垫块。

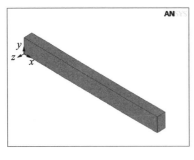

图 3-57　梁实体模型

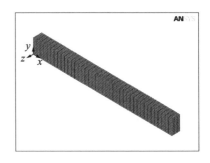

图 3-58　网格划分

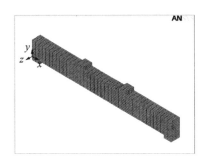

图 3-59 垫块设置

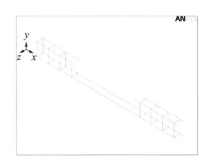

图 3-60 钢筋模型

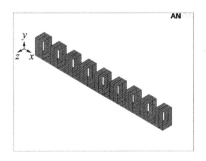

图 3-61 碳纤维布单元

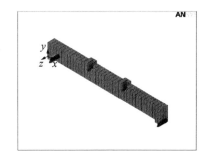

图 3-62 施加约束和荷载

3.6.2 ANSYS 有限元计算结果分析

3.6.2.1 未加固梁的 ANSYS 分析结果

运用 ANSYS 有限元软件模拟少筋梁、适筋梁、超筋梁在未加固时候的受力情况，并对其逐级加载直至破坏。绘制出梁在破坏时的荷载-挠度曲线，并与实际试验数据进行对比（图 3-63～图 3-65）。其试验数据作为后面进行各项影响因素分析对比的参考梁。

对比试验与有限元的荷载-挠度曲线可以发现：由于少筋梁使用的是光面直径为 6mm 的一级钢筋，其与混凝土的咬合较差，但是在有限元分析中使用的是共用节点的方法，保证了混凝土与钢筋之间不会出现滑移，所以对比少筋梁的荷载-挠度曲线发现两者位移有一定量的误差，主要表现在试验中少筋梁的跨中挠度偏大。适筋梁、超筋梁

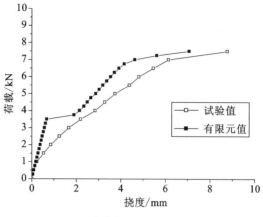

图 3-63   少筋梁 A0 荷载-挠度曲线

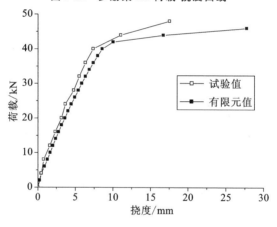

图 3-64   适筋梁 B0 荷载-挠度曲线

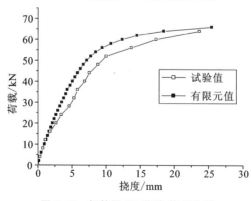

图 3-65   超筋梁 C0 荷载-挠度曲线

的有限元模拟则与试验数据较为吻合,误差控制在 15％以内。这说明初始 ANSYS 能较好地模拟试验梁,为后续试验提供了有力保障。

试验与有限元的极限荷载对比情况,见表 3-15。

表 3-15　未加固梁极限荷载对比表

梁编号	试验值	ANSYS 值	误差
少筋梁 A0	7.5	7.5	0
适筋梁 B0	48	46	4.2％
超筋梁 C0	64	67	4.7％

对比普通梁与有限元的极限荷载,在加固前有限元对于梁极限荷载的模拟是非常准确的,这是后期试验研究对象的对比基础。

3.6.2.2　破损程度对加固梁的影响

绘制出各梁在完好和破损情况下加固时的有限元模拟荷载-挠度曲线,并与实际试验梁的曲线比较,如图 3-66 所示。

试验与有限元的极限荷载对比见表 3-16。

表 3-16　破损程度影响试验的极限荷载对比表

梁编号	试验值	ANSYS 值	误差
少筋梁 A1	32	37	15.6％
少筋梁 A2	22	26	18.2％
适筋梁 B1	68	64	5.9％
适筋梁 B2	52	56	7.7％
超筋梁 C1	76	78	2.6％
超筋梁 C2	68	68	0

从荷载-挠度曲线可以看到:少筋梁在有限元模拟中误差较大,A1、A2 梁极限荷载误差分别达到了 15.6％和 18.2％,分析认为是由于在试验中所用的一级钢筋与混凝土的粘结性能较差,而 ANSYS 分析默认钢筋与混凝土有良好的粘结性能。随着配筋率的增加和所用钢筋等级的增长,使得钢筋与混凝土之间的粘结性能逐渐增强,其 ANSYS 的模拟结果就逐渐变得与试验值差别减小。

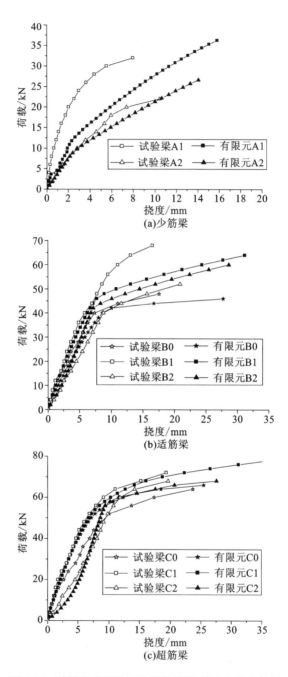

(a)少筋梁

(b)适筋梁

(c)超筋梁

图 3-66　破损程度影响试验梁的荷载-挠度曲线比较图

　　与试验分析类似,完好加固梁的荷载-挠度曲线分为三段式,而破坏加固后的梁由于已经开裂使得其荷载-挠度曲线分为两段式。由于普通少筋梁的极限荷载较小,碳纤维布加固后承载能力较大,其比较性较差,在荷载-挠度曲线中并没有画成普通少筋对比梁。从适筋梁、超筋梁的 ANSYS 分析中发现:完好加固梁的各个荷载级别下的跨中挠度都普遍小于普通梁,这说明完好加固能有效地提高梁的刚度。而破损加固后的梁在开始阶段的挠度要大于普通梁,随着荷载的增加,碳纤维布参与工作,在后期(特别是屈服荷载后)破损加固梁的挠度要小于普通梁。

3.6.2.3　碳纤维布粘贴层数对加固梁的影响

　　绘制粘贴不同层数碳纤维布的加固梁的试验与有限元的荷载-挠度曲线比较图,如图 3-67 所示。

　　试验与有限元的极限荷载对比见表 3-17。

表 3-17　碳纤维布粘贴层数影响试验的极限荷载对比表

梁编号	试验值	ANSYS 值	误差
少筋梁 A2	22	26	18%
少筋梁 A3	26	28	7.7%
适筋梁 B2	52	56	7.7%
适筋梁 B3	56	62	10.7%
超筋梁 C2	68	68	0
超筋梁 C3	70	74	5.7%

　　ANSYS 分析中发现:少筋梁由于配筋率过低,其分析中的作用远没有碳纤维布作用明显,由于碳纤维布的线性特性,使得 ANSYS 分析中破损加固后改变碳纤维布层数其曲线也表现出线性特性,从加载初期到达到极限荷载没有明显的破坏现象,只能通过后期的碳纤维布达到极限应变作为破坏的依据,这与试验中的现象极为类似,但试验中的曲线由于各种材料之间的相互作用表现出了曲线特性,试验中能通过碳纤维布的"噼啪"声提前判断构件的破坏。适筋梁和超筋梁的

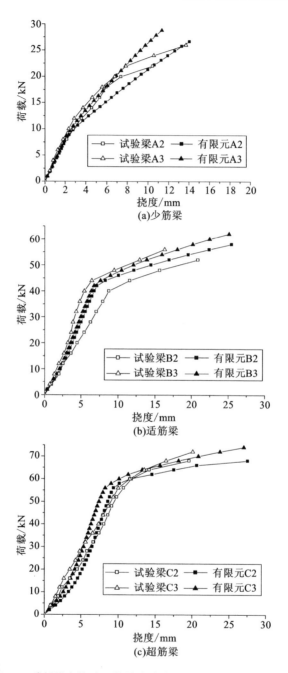

(a)少筋梁

(b)适筋梁

(c)超筋梁

图 3-67　碳纤维布粘贴层数影响试验梁的荷载-挠度曲线比较图

ANSYS 分析较为准确,从分析中得到与试验相同的结论,即改变碳纤维布层数能提高破损构件的刚度和承载能力,但随着配筋率的增加其提高幅度不断减小,直至破损加固后不能提高构件的承载能力,只能有限地提高构件的刚度。

3.6.2.4　环箍宽度对加固梁的影响

绘制不同环箍宽度的加固梁的试验与有限元的荷载-挠度曲线比较图,如图 3-68 所示。

试验与有限元的极限荷载对比见表 3-18。

表 3-18　环箍宽度影响试验的极限荷载对比表

梁编号	试验值	ANSYS 值	误差
少筋梁 A2	22	26	18%
少筋梁 A4	24	26	8.3%
适筋梁 B2	52	56	7.7%
适筋梁 B4	52	58	11.5%
超筋梁 C2	68	68	0
超筋梁 C4	68	69	1.5%

从 ANSYS 的分析图中可以看到改变环箍宽度并不能提高构件的承载能力,但是在分析中发现改变环箍宽度能够一定程度地改善刚度、限制裂缝的发展,并且这种改善随着配筋率的提高而降低,与试验过程中表现出来的特性基本相符。

3.6.3　ANSYS 分析收敛性的影响因素

对于混凝土结构而言,其在开裂以前易于收敛,但是由于混凝土材料的复杂性、计算钢筋混凝土梁的极限荷载以及随着混凝土材料开裂的影响,钢筋混凝土构件的收敛越来越困难。其中,影响钢筋混凝土结构 ANSYS 分析收敛性的几个影响因素有:网格划分的密度、子步数的设置、正确的收敛准则及混凝土的压碎设置等。

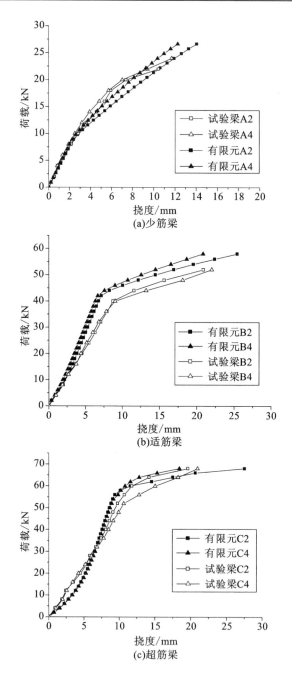

(a)少筋梁

(b)适筋梁

(c)超筋梁

图 3-68　环箍宽度影响试验梁的荷载-挠度曲线比较图

（1）网格划分密度。网格划分的密度对计算结果的收敛性有最直接的影响，也直接影响着计算结果的精度，所以对于网格的划分要有足够的重视。并且，网格也不是划分得越密越好，对于某些混凝土结构来说，虽然网格划分越密其计算的精度越高，但是相应地随着网格划分的密集，结构收敛性越差。要综合考虑计算实际要求、计算精度和计算时间等因素，合理选择合适的网格密度，对单元划分有效控制。另外，要尽量减少或者避免在应力集中的构件部位使用过小单元，而且通常情况下六面体单元明显比四面体单元的计算收敛性好，计算稳定性也高。

（2）子步数设置。通常子步数越多（较小的时间步）越能保证计算精度的提升，但是其代价是增加了计算的时间。NSUBST（子步数）的设置过大或者过小都不能达到收敛效果，并且可能对收敛性带来巨大的影响。如果从收敛过程图上来看，力的范数曲线在比较长的时间内在收敛曲线以上的时候，可以通过增加子步数的手段，来提高收敛性。如果有足够的有限元分析经验，也可以通过经验调整。

（3）正确的收敛准则。当收敛准则采用力加载控制，那么可用残余力 2-范数来针对性控制收敛；当收敛准则采用位移控制加载，可以通过位移无穷范数来控制收敛。在刚开始出现裂缝或者结构构件接近破坏的时候，可以通过相应地放松收敛的标准，来确保计算的收敛性和连续性。

（4）混凝土压碎设置。在钢筋混凝土结构有限元分析中，这是一个比较重要的控制选项。如果不考虑混凝土的压碎，那么计算结果也就比较容易收敛；而与之相反，如果考虑混凝土的压碎选项，计算的收敛性较差，所以在 ANSYS 分析中通常用关闭混凝土的压碎选项来保证收敛。在不考虑混凝土压碎情况下，当计算到结构不收敛时，就认为已经达到了极限荷载，从而可以把不收敛荷载的前一级荷载作为计算结果的极限荷载。在计算极限荷载的时候，通常采用 CONCR＋MISO 的组合且关闭混凝土的压碎选项，这在 ANSYS 分析中已经得到了相应的验证。

参 考 文 献

［1］周会平.外贴碳纤维布加固受弯钢筋混凝土梁的试验研究与理论分析［D］.武汉：武汉理工大学，2005.

［2］张镇.碳纤维布加固破损 RC 梁抗弯性能试验研究及有限元分析［D］.武汉：武汉理工大学，2013.

［3］中华人民共和国住房和城乡建设部.混凝土结构设计规范：GB 50010—2010(2015 年版)［S］.北京：中国建筑工业出版社，2016.

［4］中国工程建设标准化协会标准.碳纤维片材加固混凝土结构技术规程：CECS 146：2003(2007 年版)［S］.北京：中国计划出版社，2007.

［5］MALEK A M，SAADATMANESH H. Analytical study of reinforced concrete beams strengthened with web-bonded fiber reinforced plastic plates or fabrics. ACI Structural Journal，1998，95(3)：343-352.

［6］刘海祥.外贴钢板及碳纤维布加固钢筋混凝土梁正截面试验与数值分析［D］.南京：南京水利科学研究院，2002.

［7］中华人民共和国住房和城乡建设部.混凝土结构试验方法标准：GB/T 50152—2012［S］.北京：中国建筑工业出版社，2012.

［8］李忠献.工程结构试验理论与技术［M］.天津：天津大学出版社，2004.

［9］王文炜，赵国藩，黄承逵，等.碳纤维布加固已承受荷载的钢筋混凝土梁抗弯性能试验研究及抗弯承载力计算［J］.工程力学，2004，21(4)：172-179.

［10］王苏岩，杨玫.碳纤维布加固已损伤高强钢筋混凝土梁抗弯性能试验研究［J］.工程抗震与加固改造，2006，28(2)：93-96.

［11］李松辉，赵国藩，王松根.粘贴碳纤维布加固钢筋混凝土预裂梁试验研究［J］.土木工程学报，2005，38(10)：88-93.

［12］徐有邻，周氏.混凝土结构设计规范理解与应用［M］.北京：中国建筑工业出版社，2002.

［13］魏文晖，周波.碳纤维布加固混凝土构件非线性有限元分析［J］.武汉理工大学学报，2003，25(2)：34-36.

[14] American Concrete Institute. Guide for the design and construction of externally bonded FRP systems for strengthening concrete structures[S]. Reported by ACI Committee 440,2002.

[15] 王荣国,代成琴,刘文博,等.CFRP 加固混凝土梁抗弯极限承载力的计算分析[J].哈尔滨工业大学学报,2002,34(3):312-314.

[16] 于天来.碳纤维布加固钢筋混凝土梁受力性能的研究[D].哈尔滨:东北林业大学,2005.

4 CFRP 在梁柱节点加固中的应用

4.1 碳纤维布加固钢筋混凝土梁柱节点的试验

4.1.1 试验目的与方案

4.1.1.1 试验目的

本试验采用十字形平面框架节点试件,与实际结构中梁板柱立体节点存在一定的差异,即没有考虑直交梁和直交楼板,对节点受力特性存在一定的影响。忽略直交梁和楼板对节点核心区的约束作用能使试验加固效果更为明显,通过试验达到以下试验目的:

(1)对试验数据和现象进行整理和归纳得到试件加固前后的破坏形态、滞回曲线、屈服荷载、屈服位移、刚度、极限荷载、极限位移、骨架曲线、延性系数、耗能系数等。

(2)对比分析未受损加固节点的抗震性能和受损后加固节点的抗震性能,得到节点受损情况对节点加固后抗震性能的影响。

(3)研究轴压比对框架节点的抗震性能的影响,本试验中设计了三个轴压比。

4.1.1.2 试验内容

(1)设计并制作四根钢筋混凝土框架节点试件,其中三根节点试件先加载破坏,受损加固后再进行荷载试验,另一根节点直接做未受损加固,然后进行荷载试验。在完成前期的支模后,按照设计图纸布置预埋构件和钢筋。在需要测钢筋应变的位置将钢筋表面用打磨砂轮打磨平,用软木条包住钢筋被打磨平的地方,等浇筑混凝土后再粘贴钢筋应变片。在浇筑混凝土后对构件进行前期的试件养护。在试件制作过程中要预留一部分钢筋和制作混凝土立方体试块,以备进行相应的材性试验,以测得混凝土的材料性能(如混凝土立方体抗压强度、弹性模量、泊松比等),以及钢筋的材料性能(如屈服强度、极限强度、本构关系及弹性模量等)。

(2)先对三根尚未受损的平面框架节点试件,按照设计的试验方法进行拟静力试验。试验过程中,观察构件的受力全过程、裂缝的开展情况和构件的破坏情况等试验现象,并记录钢筋的应变、混凝土的应变等相关的试验数据和试验现象。加载至试件破坏时,停止试验。

(3)对这三根受损的试件和另外一根未受损的试件用碳纤维布按照设计的加固的方法进行加固,加固的工艺要满足 CFRP 加固混凝土的试件的要求。待加固后按照标准的养护方法进行养护,待加固胶达到预定的强度后进行试件的拟静力试验。试验过程中,观察构件的受力全过程、裂缝的开展情况和构件的破坏情况等试验现象,并记录钢筋的应变、混凝土的应变等相关的试验数据和试验现象。加载至试件破坏时,停止试验。

4.1.1.3 试验方案

在长期的地震研究过程中,人们发现进行结构抗震性能试验对结构抗震性能的研究有非常大的帮助。但是,由于地震的发生具有随机性,地震发生后的地震波的传播又具有不可确定性,所以结构的地震反应也是很难确定的。一般来讲,结构的抗震试验包括以下三个部分:结构抗震的试验设计、结构抗震试验和试验结果的分析。以下介绍三种在实验室能够进行的抗震试验研究方法:拟静力试验、拟动力试验及模拟地震的振动台试验。

拟静力试验是一种低周反复加载试验或恢复力特性试验,试验中以一定的荷载或位移作为控制值,一般大学里面的结构实验室都可以进行,可以用于各种普通结构的抗震性能试验研究,是目前研究结构抗震性能应用最多的方法。这种试验方法是在 1960—1970 年提出来的,基于对结构的非线性的地震反应,该方法可最大限度地利用试件所提供的各种信息情况,例如承载力、结构的刚度、结构耗能能力以及受损伤的情况等。该试验方法可以对荷载作用下的结构的基本性能进行较深入的分析,从而得到恢复力的模型和承载力的计算方法,研究结构破坏的机制,并可以改进结构的抗震构造的措施。但是该试验方法采用低周反复加载方式进行加载,加载的速率是相同的,这样就考虑不到应变速率的作用。

拟动力试验可以将计算机与结构试验融合在一起。经济消耗比振动台试验要小,可以模拟实际地震的作用,在工程结构试验中有很广泛的应用。

模拟地震的振动台试验能模拟结构受到地震作用时的情况,现阶段超高层建筑、大型桥梁等都需要进行振动台试验,但振动台试验的要求较高,经济性不高。

以上介绍的三种试验方法各有优缺点。从试验的适用性和经济性等方面综合考虑,本试验中采用拟静力试验进行框架节点抗震性能的试验研究。

试验框架由两根钢筋混凝土立柱和两根钢梁焊接而成,梁柱间用轴承连接,框架周边相隔一定距离布置预留孔洞,以根据试件尺寸进行连接调整。试件可以通过在柱端和梁端预留孔钢梢分别与钢梁和立柱上相应位置的圆孔连接,形成相应的铰接支承进行安装固定,整个试验装置用地脚螺丝固定在试验台座上。试件上部柱顶安装施加竖向荷载的液压加载器,用反力横梁和拉杆连接在框架上部横梁,试验时由固定于反力架上的水平双作用作动器对框架顶部施加低周反复水平荷载。

由于框架是超静定结构,在设计加载装置时必须注意对边界条件的模拟。在实际框架结构中,施加侧向荷载作用,节点上柱反弯点可视为水平可移动的铰,下柱反弯点可视为固定铰,而节点两侧梁的反弯点均为水平可移动铰,模拟这种受力状态的边界条件,我们采用柱端加载的方案,边界模拟及受力简图如图 4-1 所示。为了反映钢筋混凝土框架梁柱节点受地震荷载作用的实际受力性质,我们采用专门设置的几何可变框式试验架进行试验。试验装置如图 4-2 所示。

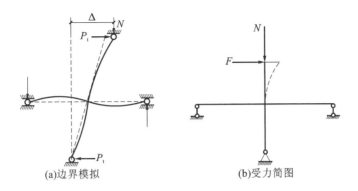

(a)边界模拟　　　　　　　(b)受力简图

图 4-1　边界模拟及受力简图

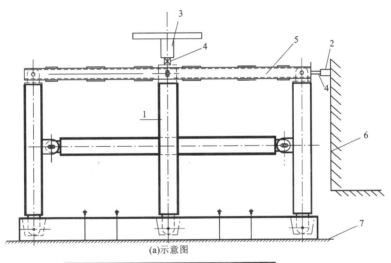

(a)示意图

(b)实物图

图 4-2　试验装置

1—试件;2—水平荷载加载器;3—竖向荷载加载器;4—荷载传感器;

5—几何可变框式试验架;6—反力墙;7—试验台座

　　用油压千斤顶在柱子顶端按一定的轴压比施加竖向荷载，模拟柱子所受竖向荷载；水平支架梁端与双向千斤顶连接，依靠千斤顶施加水平拉压荷载，以此模拟水平地震往复作用。试验开始前，先加载 4kN 的水平力试载，确定试验的装置是否调试好。确定试验装置调试无误后，开始加载。先按照荷载控制加载，在梁主筋屈服后，采用位移控制加载，加载制度如图 4-3 所示。

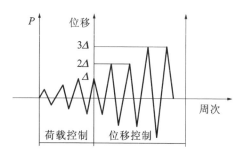

图 4-3　加载制度

　　当梁第一次屈服后，则以位移控制加载，每级位移下循环两次，以后每增加 1 倍的屈服位移作为位移增量，直到水平千斤顶所施加荷载逐渐低于最高荷载值的 15%，在荷载变化不大，位移显著增加时，表明试件已经接近极限状态，此时停止加载，试验结束。

4.1.1.4　主要仪器设备

试验加载装置如图 4-4 所示。
主要试验仪器如图 4-5 所示。

4.1.1.5　测点的布置

本次试验对以下内容进行测量：
(1)节点核心区附近混凝土的应变以及裂缝的发展情况
　　用 502 胶水在需要测量混凝土应变的位置粘贴混凝土应变片。粘贴应变片时，要先将混凝土表面用砂纸磨平，然后将混凝土表面的灰尘处理干净，粘贴时要保证应变片不能有褶皱，保持呈一条直线，与构件平行。通过在混凝土表面粘贴应变片，可以测量混凝土表面在各

(a)整体照片

(b)边柱加工照片

(c)地梁加工照片

(d)顶梁加工照片

(e)试验反力架照片

图 4-4　试验加载装置照片

级荷载下的应变,通过分析混凝土表面的应变可以分析出框架节点在水平地震作用下节点附近混凝土的受力。在加载过程中,仔细观察每一级荷载时混凝土表面的开裂情况,记录构件的开裂荷载。混凝土表面的应变片具体粘贴位置如图 4-6 所示。

(a)电阻应变仪

(b)X-Y自动记录仪

(c)荷载传感器

(d)千斤顶油泵

(e)水平作动器油泵

(f)千斤顶

(g)水平作动器

图 4-5　主要试验仪器照片

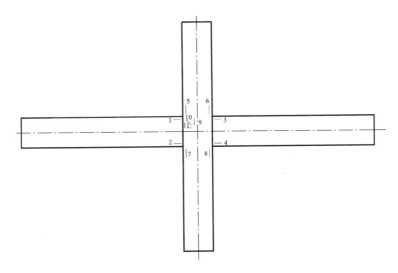

图 4-6 混凝土表面应变片布置图

（2）柱端荷载-位移曲线

柱端在各级荷载下的水平位移是本次试验中最重要的数据。在上柱的柱顶侧面安装水平位移计，将水平位移计与 X-Y 仪的 X 输入端口相连，这样就可以通过电信号测量柱端的水平位移。因此正确安装水平位移计非常重要，安装时应注意以下几点：

①水平位移计的安装支架要放平稳，用钢砖将支架的基座压住，保证试验过程中支架不会发生晃动，如果支架发生晃动，将会带动上面的位移计摇摆，导致测量的位移值不准且会影响滞回曲线的稳定；

②固定在支架竖直杆上的水平杆要距离顶梁一定的距离，确保在来回加载时水平杆不会与顶梁接触，因为水平杆的移动会将水平位移计带动，导致测量数据不准确；

③水平位移计安装时要保持水平且要与顶梁保持平行，这样才能保证柱顶的水平位移与水平位移计指针的位移保持一致；

④在柱顶粘贴一块玻璃传递柱端的水平位移，水平位移计的指针顶在玻璃表面，一定要保证玻璃与柱表面粘贴牢固，如果试验过程中玻璃发生脱落，将会导致滞回曲线无效；

⑤在水平力加载前要保持位移计的指针杆移到位移计的中间，这

样试件来回的位移都可以测量；

⑥竖向千斤顶的油管不能与水平位移计的支架接触，因为竖直千斤顶的油泵在工作的过程中，油管会发生振动，会影响水平位移的测量。

水平位移计安装如图 4-7 所示。

图 4-7　水平位移计安装

试验加载的水平力由水平千斤顶提供，加载的水平力的大小由传感器测量。传感器连接在千斤顶的端头，传感器再与顶梁连接。将传感器的信号接口用信号线与 X-Y 仪的 Y 输入端口相连。这样就可以通过 X-Y 函数记录仪记录加载过程中柱顶荷载-位移曲线的全过程。水平千斤顶和水平力传感器布置如图 4-8 所示。

图 4-8　水平千斤顶和水平力传感器布置

（3）框架节点核心区的剪切变形

框架节点核心区的剪切变形可以通过核心区布置的三向应变片的测量值计算得出，应变片的布置如图 4-6 所示。

（4）框架整体的平面外位移

本试验的试件是平面节点，试件在加载过程中要保持变形发生在平面内，为此设计了如下限制平面外位移的装置，如图 4-9 所示，既可以限制框架节点平面外的变形，又不会影响平面内的变形。该装置固定在反力架上，装置与顶梁接触的地方是轴承，这样可以减小顶梁发生水平位移时的阻力。

图 4-9　限制平面外位移的装置

采用电子位移计测量梁端平面外的位移值，以监控试件平面外的扭转，保证试件平面内的受力状态，其电子位移计的布置如图 4-10 所示。

（5）各级荷载下节点核心区附近纵向钢筋和箍筋的应变

试验过程中需要记录梁、柱的受力钢筋、箍筋，来计算节点的受力。钢筋应变片采用先浇混凝土后贴片的方式。试件制作过程中，在浇筑混凝土前，将需要测量钢筋应变的位置处用砂轮打磨光滑，然后在钢筋打磨处用铁丝绑软木条，然后浇筑混凝土。在混凝土凝固后将木条取出，然后用 502 胶水将钢筋应变片粘贴在钢筋表面，粘贴时要保证应变片与钢筋轴线平行，且粘贴要牢固，以保证钢筋与混凝土同应变。这种操作方法的工序较复杂，但是这样操作可以避免应变片受混凝土干扰的影响。梁柱纵筋的应变采用电阻应变片测量。

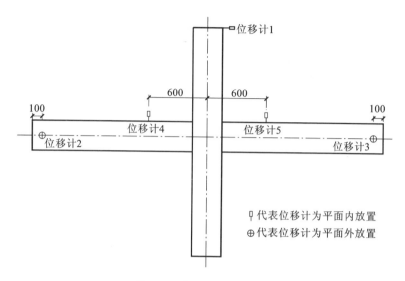

图 4-10   电子位移计布置图

（6）裂缝开展与破坏情况

荷载作用下裂缝的开展、延伸情况可以反映出核心区的受力情况。因此整个试验过程中应仔细观察核心区、梁端及柱端的裂缝的开展与破坏情况，并在试件表面画出裂缝开展的荷载，记录开裂荷载、通裂荷载、最大荷载及破坏荷载。可以采取手绘、拍照等形式来记录整个试件的裂缝开展和破坏情况。

4.1.2   试件设计与制作

4.1.2.1   试件设计

通常结构试验绝大多数的试验对象都是结构模型，即按照原型的整体、部件或构件复制的试验代表物，而且较多的还是采用缩小比例的模型试验。在模型设计和试验过程中有意识地突出主要影响因素，有利于把握结构受力的主要特征，减少外界条件和其他因素的影响。

试验中的试件与原始结构有一定的相似关系（几何相似、荷载相似、物理相似、边界条件相似等）。它可以反映原结构的主要性质，通过试验所得的结果和主要结论可以递推相对应的原结构的性质。在目前的结构静力模型试验中,对混凝土结构模拟的途径是根据模型与原型的应力和应变关系相似,即取弹性模量相似常数 $S_E = S_\sigma = 1$。在本次试验设计中,采用的材料与原型结构具有相同强度和变形。表4-1 列出了本次试验中各物理量的量纲及试验相似常数。

表 4-1 试验中各物理量的量纲及试验相似常数

类型	物理量	量纲	一般模型	本试验模型
材料性能	混凝土应力 σ_c	FL^{-2}	S_σ	1
	混凝土弹性模量 E_c	FL^{-2}	S_σ	1
	混凝土应变 ε_c	—	1	1
	泊松比 ν	—	1	1
	质量密度 ρ	FL^{-3}	S_σ/S_l	$1/S_l$
	钢筋应力 σ_s	FL^{-2}	S_σ	1
	钢筋弹性模量 E_s	FL^{-2}	S_σ	1
	钢筋应变 ε_s	—	1	1
	粘结应力 σ_a	FL^{-2}	S_σ	1
几何特性	面积 A	L^2	S_l^2	S_l^2
	线位移 x	L	S_l	S_l
	角位移 θ	—	1	1
	长度 l	L	S_l	S_l
荷载	集中荷载 P	F	$S_\sigma S_l^2$	S_l^2
	力矩 M	FL	$S_\sigma S_l^3$	S_l^3
	面荷载 q	FL^{-2}	S_σ	1
	线荷载 w	FL^{-1}	$S_\sigma S_l$	S_l

为了能使试件较真实地反映实际工程中节点的受力状态,本次试验所取的试件为框架梁柱中节点,构件长度按实际结构中梁柱的反弯点之间的距离来确定(图 4-11),模型与原型的几何比例为 1:2,即 $S_l = 0.5$。

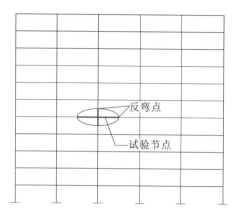

图 4-11　梁柱节点单元

4.1.2.2　试件制作

在施工现场预制构件,须经过钢筋的绑扎、支模、浇筑混凝土、养护等工序。浇筑混凝土时,应同时采用相同的混凝土浇筑数个 150mm×150mm×150mm 的立方体试块,按标准养护后带回实验室做材性试验,测定混凝土立方体抗压强度。对选用的每种钢筋应截取 3 段,每段长 50cm,测量其抗拉强度、弹性模量等材料性能;为测量梁柱纵筋的应变,需要在钢筋上粘贴应变片。梁柱预制试件浇筑混凝土后按标准养护方法养护 28d 后进行试验(图 4-12)。

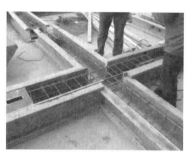

图 4-12　试件加工现场图

预制试件的几何尺寸及配筋见表 4-2、表 4-3。梁柱节点配筋如图 4-13 所示。

表 4-2　试件的几何尺寸表

试件编号	几何尺寸
SJ-1～SJ-4	柱 300mm×300mm；梁 200mm×300mm

表 4-3　试件配筋表

试件编号	梁下部纵筋	梁上部纵筋	梁箍筋	柱纵筋	柱箍筋
SJ-1～SJ-4	2Φ18	2Φ16	φ6@100	6Φ16	φ6@100

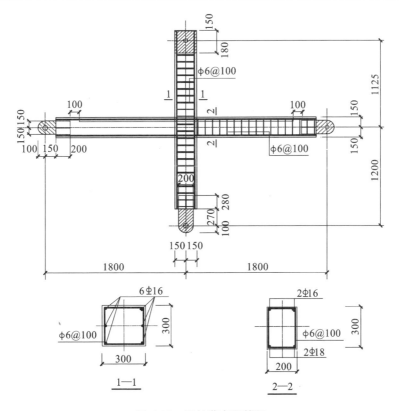

图 4-13　梁柱节点配筋图

4.1.2.3　材料性能试验

（1）混凝土材性试验

在施工现场预制构件时，须经过钢筋的绑扎、支模、浇筑混凝土、养护等工序。浇筑混凝土时，应同时采用相同的混凝土浇筑数个 150mm ×150mm×150mm 的立方体试块，按标准养护后带回实验室做材性试验，按标准的养护方法养护 28d 后测定混凝土立方体抗压强度。混凝土试块的试验结果见表 4-4，材性试验照片如图 4-14 所示。

表 4-4　混凝土试块的试验结果

试件编号	强度等级	试件尺寸	单块抗压强度
SJ-1～SJ-4	C30	150mm×150mm	32.8MPa

图 4-14　混凝土材性试验照片

（2）钢筋材性试验

对选用的每种钢筋应截取一段测量其抗拉强度、弹性模量等材料性能；为测量梁柱纵筋的应变，需要在钢筋上粘贴应变片。梁柱内纵筋采用 HRB335 级钢筋，箍筋采用 HPB235 级钢筋，钢筋材性试验照片如图 4-15 所示，试验结果见表 4-5。钢筋拉伸试验报告如图 4-16 所示。

表 4-5　钢筋试验结果表

钢筋型号	屈服强度（MPa）	抗拉强度（MPa）	延伸率（%）
φ6	315	475	32
φ16	385	550	20
φ18	365	575	23

图 4-15　钢筋材性试验照片

4.1.2.4　碳纤维布加固试件制作

本次试验除了研究框架节点抗震性能外,还需要研究试件在加载破坏后,进行碳纤维布加固后的抗震性能。对三根受损节点和一根未受损节点进行加固(这四根钢筋混凝土框架节点的加固方法是一样的)。

对这四根钢筋混凝土框架节点加固的施工工艺如下:首先,将构件的混凝土表面的突出部位打磨平整,并除去构件表面的粉尘、油污,夹角部位加工成弧状,圆弧的半径大于 3cm。然后按照调制比例将底胶调制好,一定要将胶调制均匀,用毛刷将底胶均匀地刷于混凝土表面,操作时一定要仔细,确保底胶渗入混凝土内部。刷底胶的目的主要是加强混凝土构件表面与结构胶的粘结。当底胶触干后,用修补胶将混凝土表面凹洞找平,以确保补后的混凝土表面平整,便于后面贴碳纤维布。待找平胶干后,将浸渍胶按比例混合均匀,然后再均匀地涂于待加固试件的表面,以不垂流为宜。在设计的位置,按照设计方向将碳纤维布贴于构件表面,然后沿着纤维方向将气泡挤出,确保碳纤维布无皱折、无歪斜。在碳纤维布表面再次均匀涂抹浸渍胶,确保浸渍胶在碳纤维布表面涂抹均匀。碳纤维布加固示意图如图 4-17 所示。完成上述工艺后对构件进行养护。把用于加固的工具放入丙酮内清洗,去除工具表面上附着的胶。

金属材料室温拉伸试验报告

GB/T 228—2008

送检单位:

样品名称:　　　　　　　　　　　原始尺寸(mm):18

规格/材料　　　　　　　　　　　原始面积$S_o(mm^2)$:254.47

炉批号:　　　　　　　　　　　　原始标距$L_o(mm)$:180

热处理状态:　　　　　　　　　　断后尺寸(mm):8

样品状态:　　　　　　　　　　　断后面积$S_u(mm^2)$:50.27

产品标准:　　　　　　　　　　　断后标距$L_u(mm)$:

试验标准:　　　　　　　　　　　设备型号:

试样编号:2011.17　　　　　　　　室内温度:

下屈服强度 $R_{eL}(MPa)$	下屈服力 $F_{eL}(kN)$	最大力 $F_m(kN)$	抗拉强度 $R(MPa)$	断后伸长率 $A(\%)$	断面收缩率 $Z(\%)$	备注
365	93.238	146.311	575	−100.0	80.0	

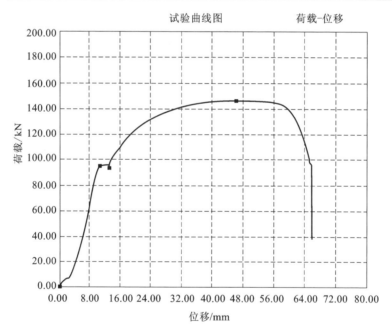

试验曲线图　　　　荷载-位移

图 4-16　钢筋拉伸试验报告

碳纤维布采用武汉长江加固技术有限公司的 CJ200-Ⅱ 碳纤维布,粘结用胶采用该公司的 YZJ-CQ 纤维复合材料浸渍粘结用胶,材料性能见表 4-6 和表 4-7。

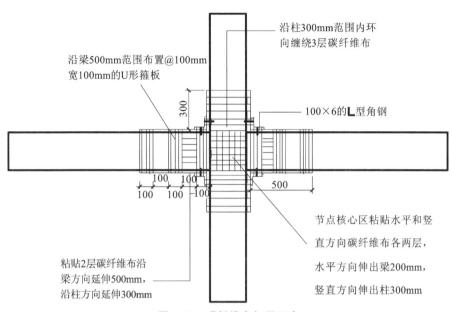

沿柱300mm范围内环向缠绕3层碳纤维布

沿梁500mm范围布置@100mm宽100mm的U形箍板

100×6的L型角钢

节点核心区粘贴水平和竖直方向碳纤维布各两层，水平方向伸出梁200mm，竖直方向伸出柱300mm

粘贴2层碳纤维布沿梁方向延伸500mm，沿柱方向延伸300mm

图 4-17 碳纤维布加固示意

表 4-6 碳纤维布性能

品种编号	HJ-2009-A-45	设计厚度（mm）	0.11
纤维总量（g/m²）	200	弹性模量（MPa）	2.7×10^5
拉伸强度（MPa）	3187.8		

样品名称	"长江加固"CJ200 碳纤维布			
样品编号	HJ-2010-A-143			

序号	项目名称	技术指标		检测结果	单项评定
		高强度Ⅰ级	高强度Ⅱ级		
1	抗拉强度标准值（MPa）	≥3400	≥3000	3209.4	高强度Ⅱ级
2	受拉弹性模量（MPa）	≥2.4×10^5	≥2.1×10^5	2.5×10^5	高强度Ⅰ级
3	伸长率（%）	≥1.7	≥1.5	1.5	高强度Ⅱ级
4	抗弯强度（MPa）	≥700	≥600	651.7	高强度Ⅱ级
5	层间剪切强度（MPa）	≥45	≥35	42.4	高强度Ⅱ级
6	仰贴条件下纤维复合材料与混凝土正拉粘结强度（MPa）	≥2.5，且混凝土内聚破坏		3.9，且混凝土内聚破坏	高强度Ⅰ级
7	单位面积质量（g/m²）	≤200		196.2	高强度Ⅰ级

表 4-7　粘结用胶性能

品种编号	HJ-2009-A-26	弹性模量(MPa)	3129.1
拉伸强度(MPa)	58.3		

样品名称	"长江加固"YZJ-CQ 修补胶		
样品编号	HJ-2011-A-77		
序号	项目名称	技术指标	检测结果	单项评定
1	胶体抗拉强度(MPa)	≥30	43.8	合格
2	胶体抗弯强度(MPa)	≥40,且不得呈脆性(碎裂状)破坏	75.9	合格
3	与混凝土的正拉粘结强度(MPa)	≥2.5,且混凝土内聚破坏	3.9,且混凝土内聚破坏	合格

4.2　框架节点加载过程与数据分析

4.2.1　试验过程

(1)SJ-1 试验过程

当荷载达到 20kN 时,右侧核心区附近梁底出现第一条裂缝,随着荷载的增加,现有裂缝不断开展,同时也出现数条新的裂缝,出现了卸载后的残余变形,不过由于加载的力较小,加载曲线的变化小,形成的滞回环并不明显,在加载初期,滞回曲线呈线性关系;当荷载达到 60kN 时,记为屈服荷载,梁端裂缝明显,核心区出现交叉裂缝,记下此时柱端的水平位移值为 17mm,为屈服位移;梁钢筋屈服后通过控制位移进行加载,当加载到 $2\Delta_y$ 时,梁端及核心区裂缝不断延伸;当加载到 $3\Delta_y$ 时,核心区出现两对明显交叉裂缝,梁端出现通缝,形成塑性铰,即停止试验。从破坏形态来看,主要属于梁端弯曲受损的受损模式。SJ-1 的裂缝开展和破坏形式如图 4-18 所示。

(2)SJ-1 受损加固试验过程

(a)裂缝开展图 (b)破坏形式

图 4-18 SJ-1 的裂缝开展和破坏形式

在加载初期,滞回曲线呈线性关系,形成的滞回环并不明显。当荷载达到 50kN 时,记为屈服荷载,记下此时柱端的水平位移值为 23mm,为屈服位移。转为位移控制后,继续加载至 $2\Delta_y$,梁端出现塑性铰。

试验结束后,拨丌表面碳纤维布,发现核心区受损前出现的交叉斜裂缝比原先略有开展。由于碳纤维布的存在,改善了核心区抗剪能力差的性质,试件的破坏形态为梁端的弯曲破坏。SJ-1 受损加固后的裂缝开展和破坏形式如图 4-19 所示。

(a)碳纤维布加固图 (b)裂缝开展和破坏形式

图 4-19 SJ-1 受损加固后的裂缝开展和破坏形式

(3)SJ-2 直接加固试验过程

在加载初期,滞回曲线呈线性关系,形成的滞回环并不明显。当荷载达到 120kN 时,记为屈服荷载,记下此时柱端的水平位移值为

27mm，为屈服位移。转为位移控制后，继续加载至 $2\Delta_y$，梁端出现塑性铰。

试验结束后，拨开表面碳纤维布，发现核心区受损前出现的交叉斜裂缝比原先略有开展。由于碳纤维布的存在，改善了核心区抗剪能力差的性质，试件的破坏形态为梁端的弯曲破坏。SJ-2 直接加固后的裂缝开展和破坏形式如图 4-20 所示。

(a)碳纤维布加固图　　　　　(b)裂缝开展和破坏形式

图 4-20　SJ-2 直接加固后的裂缝开展和破坏形式

（4）SJ-3 试验过程

当荷载达到 20kN 时，右侧核心区附近梁底出现第一条裂缝，随着荷载的增加，现有裂缝不断开展，同时也出现数条新的裂缝，出现了卸载后的残余变形，不过由于加载的力较小，加载曲线的变化小，形成的滞回环并不明显，在加载初期，滞回曲线呈线性关系；当荷载达到 80kN 时，记为屈服荷载，梁端裂缝明显，核心区出现交叉裂缝，记下此时柱端的水平位移值为 18mm，为屈服位移；梁钢筋屈服后通过控制位移进行加载，当加载到 Δ_y 时，梁端及核心区裂缝不断延伸；当加载到 $2\Delta_y$ 时，核心区出现明显交叉裂缝，梁端出现通缝，形成塑性铰。从破坏形态来看，主要属于梁端弯曲受损的受损模式。SJ-3 的裂缝开展和破坏形式如图 4-21 所示。

（5）SJ-3 受损加固试验过程

在加载初期，滞回曲线呈线性关系，形成的滞回环并不明显。当荷载达到 90kN 时，记为屈服荷载，记下此时柱端的水平位移值为 24mm，为屈服位移。转为位移控制后，继续加载至 $2\Delta_y$，梁端出现塑性铰。

(a)裂缝开展图　　　　　　　　　　(b)破坏形式

图 4-21　SJ-3 的裂缝开展和破坏形式

试验结束后,拨开表面碳纤维布,发现核心区受损前出现的交叉斜裂缝仍然存在,并略有开展。由于碳纤维布的存在,改善了核心区抗剪能力差的性质,试件的破坏形态为梁端的弯曲破坏。SJ-3 受损加固后的裂缝开展和破坏形式如图 4-22 所示。

(a)碳纤维布加固图　　　　　　　　(b)裂缝开展和破坏形式

图 4-22　SJ-3 受损加固后的裂缝开展和破坏形式

(6)SJ-4 试验过程

当荷载达到 30kN 时,右侧核心区附近梁底出现第一条裂缝,并且随着荷载的增加,出现数条新的裂缝,现有裂缝也在不断地开展,出现了卸载后的残余变形,不过由于加载的力较小,加载曲线的变化小,形成的滞回环并不明显,在加载初期,滞回曲线呈线性关系;当荷载达到 80kN 时,记为屈服荷载,梁端裂缝明显,核心区出现交叉裂缝,记下此时柱端的水平位移值为 19mm,为屈服位移。梁钢筋屈服后通过控制位移进行加载，当加载到 Δ_y 时，梁端及核心区裂缝不断延伸；当加载到 $2\Delta_y$ 时，核心区出现明显交叉裂缝，梁端出现通缝，形成塑性铰。从破坏形态来看，主要属于梁端弯曲受损的受损模式。SJ-4 的裂缝开展和破坏形式如图 4-23 所示。

(a)试验现场图　　　　　　　　　(b)裂缝开展和破坏形式

图 4-23　SJ-4 的裂缝开展和破坏形式

(7)SJ-4 受损加固试验过程

在加载初期，滞回曲线呈线性关系，形成的滞回环并不明显。当荷载达到 90kN 时，记为屈服荷载，记下此时柱端的水平位移值为 27mm，为屈服位移。转为位移控制后，继续加载至 $2\Delta_y$，梁端出现塑性铰。

试验结束后，拨开表面碳纤维布，发现核心区受损前出现的交叉斜裂缝比原先略有开展。由于碳纤维布的存在，改善了核心区抗剪能力差的性质，试件的破坏形态为梁端的弯曲破坏。SJ-4 受损加固后的裂缝开展和破坏形式如图 4-24 所示。

(a)碳纤维布加固图　　　　　　　(b)裂缝开展和破坏形式

图 4-24　SJ-4 受损加固后的裂缝开展和破坏形式

4.2.2　试验数据

4.2.2.1　梁端破坏节点滞回曲线与骨架曲线

试件在反复荷载作用下的 P-Δ 曲线称为滞回曲线,由于钢筋混凝土材料有明显的非线性特性,在材料处于线性阶段时,P-Δ 曲线呈直线关系,当作用的荷载大于试件的屈服点时,卸载时试件会产生残余变形,即位移不回归于原点,反映在 P-Δ 曲线上则是形成一个环形曲线,这样在多次反复荷载作用下的 P-Δ 曲线就是滞回曲线。

试件的滞回曲线如图 4-25 所示。

从图 4-25 可以看出:未加固试件的 P-Δ 滞回曲线在整个试验过程中捏缩现象都较为明显,这是由于核心区易破坏和梁端纵筋易发生

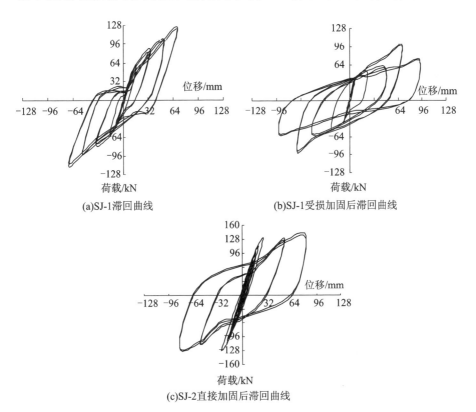

(a)SJ-1滞回曲线　　　　(b)SJ-1受损加固后滞回曲线

(c)SJ-2直接加固后滞回曲线

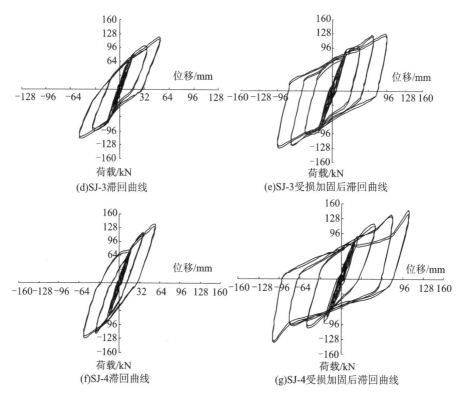

(d)SJ-3滞回曲线　　　　　　　(e)SJ-3受损加固后滞回曲线

(f)SJ-4滞回曲线　　　　　　　(g)SJ-4受损加固后滞回曲线

图 4-25　梁端破坏节点滞回曲线

粘结滑移造成的。梁纵筋受拉屈服产生滑移，而且受拉产生的裂缝在反向加载初期未能闭合，弯矩只能由钢筋的内力偶提供，导致构件的刚度下降。等到裂缝闭合后，受压区混凝土参与工作，试件刚度得到提高，曲线变得陡峭。在同级荷载作用下，随着循环次数的增加，构件的刚度也同时下降，表现为曲线斜率减小，峰值降低。

　加固后的试件的 P-Δ 滞回曲线在荷载控制阶段捏缩现象较为明显，但是在加载后期捏缩现象逐渐改善，这是由于试件内部的受损仍然存在，尽管采取了碳纤维布加固，但此时的碳纤维布的应变很低，对构件的约束有限，对构件的刚度影响不大，所以滞回曲线捏缩。随着试验的进行，碳纤维布开始发挥作用，又使滞回曲线变得饱满。在相同情况下轴压比对改善滞回曲线的捏缩现象并无明显作用。未受损直接加固试件滞回曲线饱和程度稍优于受损加固试件。

滞回曲线的外包线称为骨架曲线,它反映了试件在低周反复荷载作用下的屈服、极限承载力及延性等性能指标。根据试件滞回曲线整理出骨架曲线。骨架曲线在研究非弹性地震反应时很重要,它是每次循环的荷载-位移曲线达到最大峰点的轨迹 。根据《混凝土结构试验方法标准》(GB/T 50152—2012),取每一级循环第一次加载的峰值点所连成的包络线即为试件的骨架曲线。试件的骨架曲线如图 4-26所示。

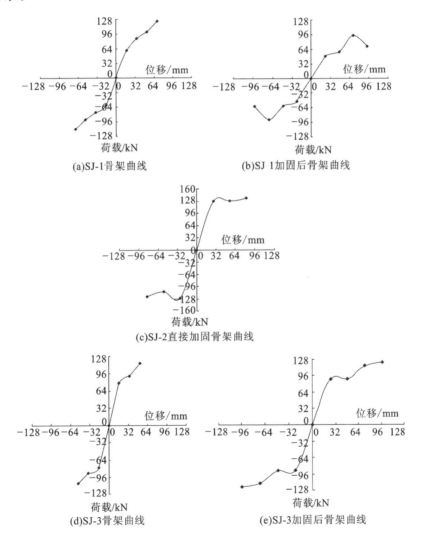

(a)SJ-1骨架曲线   (b)SJ-1加固后骨架曲线

(c)SJ-2直接加固骨架曲线

(d)SJ-3骨架曲线   (e)SJ-3加固后骨架曲线

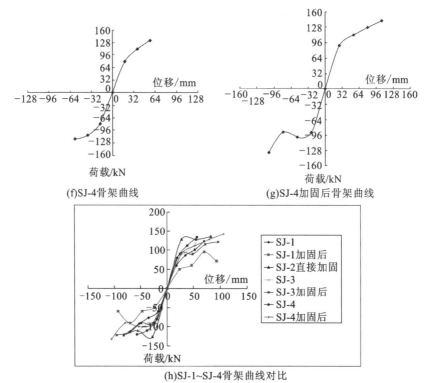

(f)SJ-4骨架曲线　　　　　　(g)SJ-4加固后骨架曲线

(h)SJ-1~SJ-4骨架曲线对比

图 4-26　梁端破坏节点骨架曲线

对比各试件的骨架曲线,主要有以下特点:

从屈服荷载看,受损加固的 SJ-1 的屈服荷载最小,未受损直接加固的 SJ-2 的屈服荷载最大,对比加固前和受损后加固的骨架曲线,屈服荷载的提高不明显。对比未受损直接加固和受损加固的试件,未受损直接加固屈服荷载提高较多。这说明受损对结构的屈服荷载有影响,CFRP 加固可以提高结构的屈服荷载,提高的程度与结构受损的程度有一定的关系。

从极限荷载来看,受损加固的 SJ-1 的极限荷载最小,未受损直接加固的 SJ-2 的极限荷载最大,对比加固前和受损后加固的骨架曲线,极限荷载的提高不明显。对比未受损直接加固和受损加固的试件,未受损直接加固 SJ-2 的极限荷载提高较多。这说明受损对结构的极限荷载有影响,CFRP 加固可以提高结构的极限荷载,提高的程度与结构受损的程度有一定的关系。

4.2.2.2 应变分析

本次试验在粘贴应变片后就使用环氧树脂包裹其表面,并用其对梁柱纵筋、箍筋、混凝土表面以及碳纤维布表面进行了应变观测。通过对观测数据的应变分析,可以了解到试件的受力状态,同时可以解释试验过程中出现的各种现象。应变分析是进行结构受力分析必不可少的部分。SJ-1~SJ-4 应变分析如下:

由图 4-27 知,对于 SJ-1 试件,加载初期梁、柱纵筋应变变化明显,梁端、柱端箍筋应变变化不大,梁端、柱端混凝土应变变化明显,试件抗剪承载力主要由混凝土提供;荷载级数增大,梁柱纵筋、箍筋开始有明显应变,说明此时试件抗剪承载力主要由梁柱纵筋、梁柱箍筋及混凝土提供;加载后期,随荷载级数增大,梁柱端混凝土裂缝增大,试件抗剪承载力主要由梁柱纵筋、梁柱箍筋及混凝土提供。

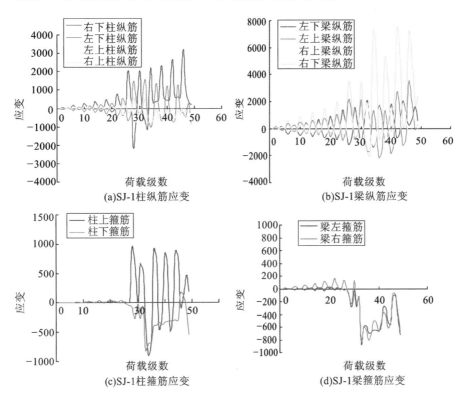

(a)SJ-1柱纵筋应变

(b)SJ-1梁纵筋应变

(c)SJ-1柱箍筋应变

(d)SJ-1梁箍筋应变

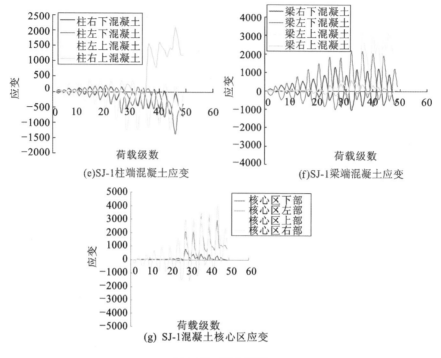

(e)SJ-1柱端混凝土应变

(f)SJ-1梁端混凝土应变

(g) SJ-1混凝土核心区应变

图 4-27　SJ-1 应变

　　在加载过程中，梁纵筋应变大于柱纵筋应变，梁端混凝土应变大于柱端混凝土应变，核心区混凝土左侧与右侧应变比上部与下部大，说明试件梁端受力比柱端受力大，试件主要为梁端受损。

　　由图 4-28 知，对于 SJ-3 试件，加载初期梁、柱纵筋应变变化明显，梁端、柱端箍筋应变基本变化不大，梁端、柱端混凝土应变变化明显，试件抗剪承载力主要由混凝土提供；荷载级数增大，柱箍筋开始有明显应变，说明此时试件抗剪承载力主要由梁柱纵筋、梁柱箍筋及混凝土提供；加载后期，随荷载级数增大，梁柱端混凝土裂缝增大，试件抗剪承载力主要由梁柱纵筋、梁柱箍筋及混凝土提供。

　　在加载过程中，梁纵筋应变大于柱纵筋应变，梁端混凝土应变大于柱端混凝土应变，核心区混凝土左侧与右侧应变比上部与下部大，说明试件梁端受力比柱端受力大，试件主要为梁端受损。

　　由图 4-29 知，对于 SJ-4 试件，加载初期梁、柱纵筋应变变化明显，

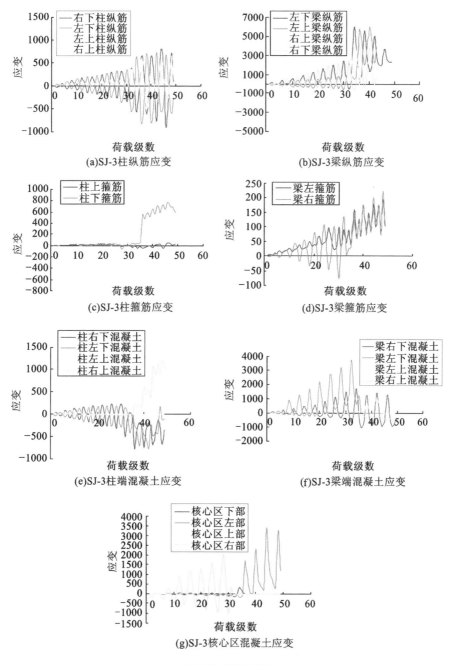

(a)SJ-3柱纵筋应变

(b)SJ-3梁纵筋应变

(c)SJ-3柱箍筋应变

(d)SJ-3梁箍筋应变

(e)SJ-3柱端混凝土应变

(f)SJ-3梁端混凝土应变

(g)SJ-3核心区混凝土应变

图 4-28　SJ-3 应变

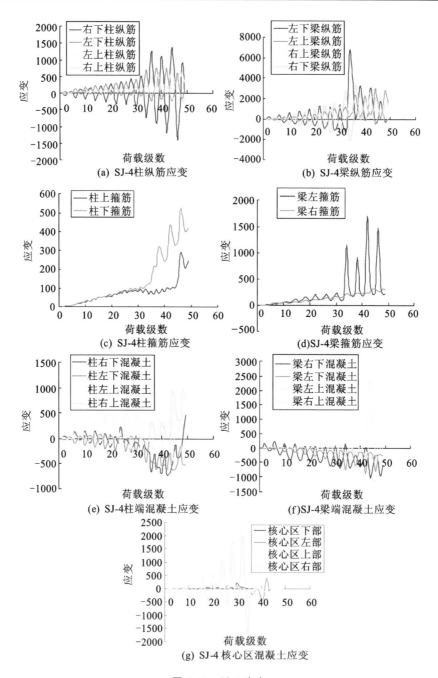

(a) SJ-4 柱纵筋应变

(b) SJ-4 梁纵筋应变

(c) SJ-4 柱箍筋应变

(d) SJ-4 梁箍筋应变

(e) SJ-4 柱端混凝土应变

(f) SJ-4 梁端混凝土应变

(g) SJ-4 核心区混凝土应变

图 4-29　SJ-4 应变

梁、柱箍筋应变变化明显,梁端、柱端混凝土应变变化明显,试件抗剪承载力主要由梁柱纵筋、梁柱箍筋和混凝土提供;加载后期,随荷载级数增大,梁柱端混凝土裂缝增大,试件抗剪承载力主要由梁柱纵筋、梁柱箍筋及混凝土提供。

在加载过程中,梁纵筋应变大于柱纵筋应变,柱端混凝土应变大于梁端混凝土应变,核心区混凝土左侧与右侧应变比上部与下部大,说明试件梁端受力比柱端受力大,试件主要为梁端受损。

4.2.2.3　SJ-1～SJ-4 加固后应变分析

由图 4-30 知,对于 SJ-1 受损加固试件,加载初期梁、柱纵筋由于是二次加载,应变变化明显,梁、柱箍筋应变变化不明显,梁端、柱端混凝土应变充分,梁、柱端碳纤维布应变和核心区碳纤维布应变没有明显增大,试件抗剪承载力主要由梁柱纵筋、梁柱箍筋和混凝土提供;荷载级数增大,碳纤维布开始有明显应变,说明此时试件抗剪承载力主要由梁柱纵筋、梁柱箍筋、混凝土及碳纤维布提供;加载后期,随荷载级数增大,梁柱端混凝土裂缝增大,混凝土退出工作,梁柱箍筋亦退出工作,试件抗剪承载力主要由梁柱纵筋和碳纤维布提供。

在加载过程中,梁纵筋应变大于柱纵筋应变,梁端混凝土和碳纤维布的应变均大于柱端的混凝土和碳纤维布的应变,核心区混凝土左侧与右侧应变比上部与下部小,核心区碳纤维布左侧与右侧应变和上部与下部应变差不多,试件梁端受力比柱端受力大,试件主要为梁端受损。

由图 4-31 知,对于 SJ-2 直接加固试件,加载初期梁、柱纵筋应变变化明显,梁、柱箍筋应变变化不大,梁端、柱端混凝土应变充分,梁端碳纤维布应变明显,柱端碳纤维布应变和核心区碳纤维布应变没有明显增大,试件抗剪承载力主要由梁柱纵筋、梁柱箍筋、混凝土和碳纤维布提供;荷载级数增大,碳纤维布开始有明显应变,说明此时试件抗剪承载力主要由梁柱纵筋、梁柱箍筋、混凝土及碳纤维布提供;加载后期,随荷载级数增大,梁柱端混凝土裂缝增大,混凝土退出工作,梁柱箍筋亦退出工作,试件抗剪承载力主要由梁柱纵筋和碳纤维布提供。

　　在加载过程中，梁纵筋应变大于柱纵筋应变，梁端混凝土和碳纤维布应变均大于柱端混凝土和碳纤维布的应变，核心区碳纤维布左侧与右侧应变和上部与下部应变差不多，试件梁端受力比柱端受力大，试件主要为梁端受损。

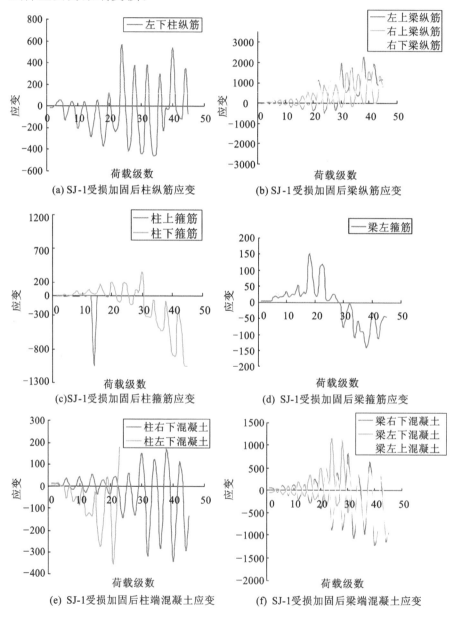

(a) SJ-1受损加固后柱纵筋应变　　　　(b) SJ-1受损加固后梁纵筋应变

(c)SJ-1受损加固后柱箍筋应变　　　　(d) SJ-1受损加固后梁箍筋应变

(e) SJ-1受损加固后柱端混凝土应变　　(f) SJ-1受损加固后梁端混凝土应变

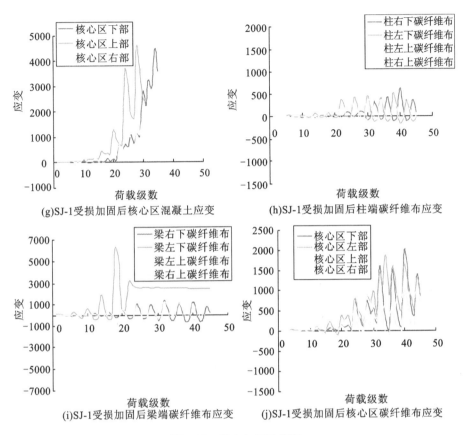

(g)SJ-1受损加固后核心区混凝土应变   (h)SJ-1受损加固后柱端碳纤维布应变

(i)SJ-1受损加固后梁端碳纤维布应变   (j)SJ-1受损加固后核心区碳纤维布应变

图 4-30 SJ-1 加固后应变

由图 4-32 知,对于 SJ-3 受损加固试件,加载初期由于是二次加载,梁、柱纵筋应变变化明显,梁、柱箍筋应变变化明显,梁端、柱端混凝土应变充分,梁、柱端碳纤维布和核心区碳纤维布应变没有明显增大,试件抗剪承载力主要由梁柱纵筋、梁柱箍筋和混凝土提供;荷载级数增大,碳纤维布开始有明显应变,梁端混凝土裂缝充分开展退出工作,说明此时试件抗剪承载力主要由梁柱纵筋、梁柱箍筋、柱端混凝土及碳纤维布提供;加载后期,随荷载级数增大,梁柱端混凝土裂缝增大,柱端混凝土退出工作,梁柱箍筋亦退出工作,试件抗剪承载力主要由梁柱纵筋和碳纤维布提供。

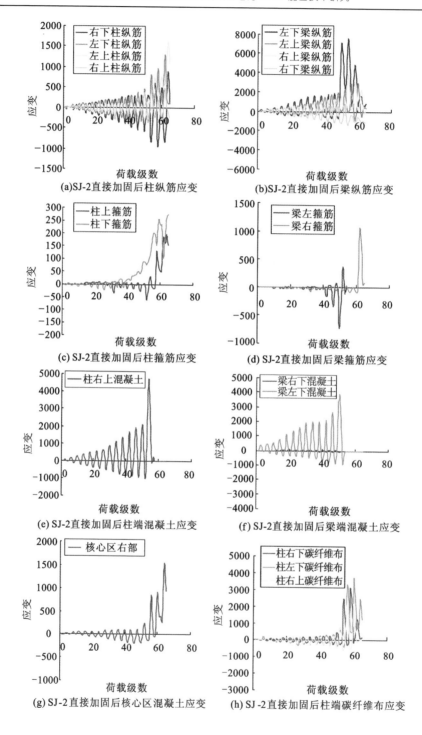

(a)SJ-2直接加固后柱纵筋应变

(b)SJ-2直接加固后梁纵筋应变

(c) SJ-2直接加固后柱箍筋应变

(d) SJ-2直接加固后梁箍筋应变

(e) SJ-2直接加固后柱端混凝土应变

(f) SJ-2直接加固后梁端混凝土应变

(g)SJ-2直接加固后核心区混凝土应变

(h)SJ-2直接加固后柱端碳纤维布应变

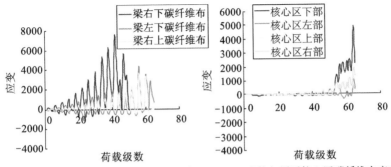

(i) SJ-2直接加固后梁端碳纤维布应变 (j) SJ-2直接加固后核心区碳纤维布应变

图 4-31 SJ-2 加固后应变

在加载过程中,梁纵筋应变大于柱纵筋应变,梁端混凝土和碳纤维布的应变均大于柱端混凝土和碳纤维布的应变,核心区混凝土左侧与右侧应变比上部与下部小,核心区碳纤维布左侧与右侧应变比上部应变大,试件梁端受力比柱端受力大,试件主要为梁端受损。

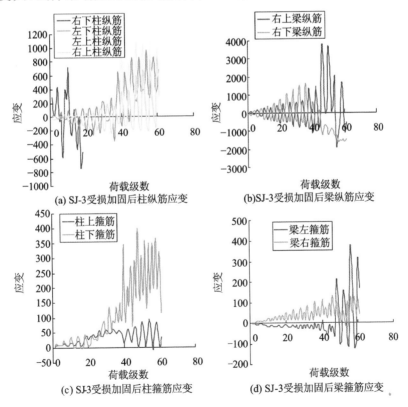

(a) SJ-3受损加固后柱纵筋应变 (b)SJ-3受损加固后梁纵筋应变

(c) SJ-3受损加固后柱箍筋应变 (d) SJ-3受损加固后梁箍筋应变

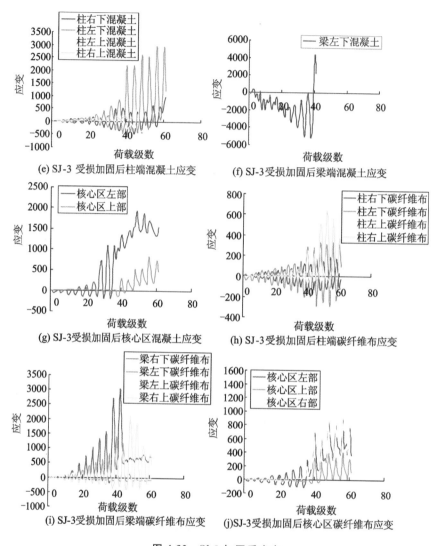

(e) SJ-3 受损加固后柱端混凝土应变　　(f) SJ-3 受损加固后梁端混凝土应变

(g) SJ-3受损加固后核心区混凝土应变　　(h) SJ-3 受损加固后柱端碳纤维布应变

(i) SJ-3受损加固后梁端碳纤维布应变　　(j)SJ-3受损加固后核心区碳纤维布应变

图 4-32　SJ-3 加固后应变

　　由图 4-33 知，对于 SJ-4 受损加固试件，加载初期梁、柱纵筋应变变化明显，梁、柱箍筋应变变化明显，梁端、柱端混凝土应变充分，梁、柱端碳纤维布和核心区碳纤维布应变没有明显增大，试件抗剪承载力主要由梁柱纵筋、梁柱箍筋和混凝土提供；荷载级数增大，碳纤维布开始有明显应变，说明此时试件抗剪承载力主要由梁柱纵筋、梁柱箍筋、混凝土及碳纤维布提供;加载后期,随荷载级数增大,梁柱端混凝土裂缝增大,混凝土和梁端碳纤维布退出工作,梁柱箍筋亦退出工作,试件抗剪承载力主要由梁柱纵筋和柱端碳纤维布提供。

在加载过程中,梁纵筋应变与柱纵筋应变相差不大,梁端混凝土应变与柱端混凝土应变相差不大,梁端碳纤维布应变与柱端碳纤维布应变相差不大,核心区碳纤维布左侧与右侧应变小于上部与下部应变,试件梁端受力比柱端受力大,试件主要为梁端受损。

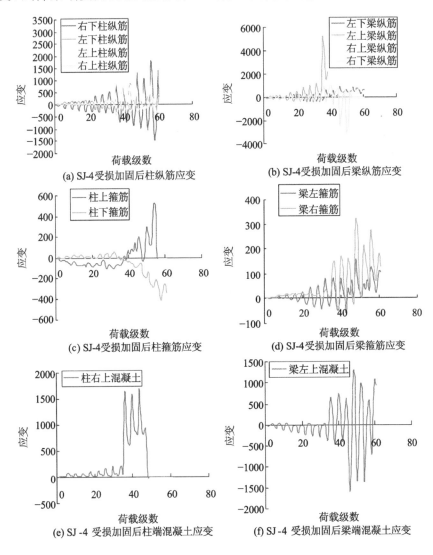

(a) SJ-4受损加固后柱纵筋应变

(b) SJ-4受损加固后梁纵筋应变

(c) SJ-4受损加固后柱箍筋应变

(d) SJ-4受损加固后梁箍筋应变

(e) SJ-4 受损加固后柱端混凝土应变

(f) SJ-4 受损加固后梁端混凝土应变

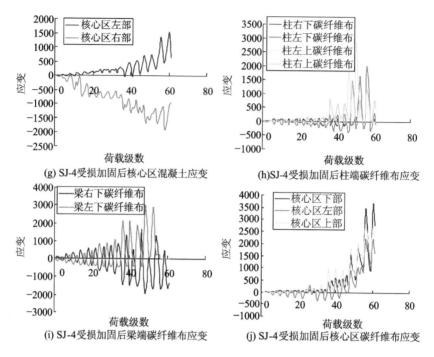

(g) SJ-4 受损加固后核心区混凝土应变

(h) SJ-4 受损加固后柱端碳纤维布应变

(i) SJ-4 受损加固后梁端碳纤维布应变

(j) SJ-4 受损加固后核心区碳纤维布应变

图 4-33　SJ-4 加固后应变

4.2.2.4　延性分析

延性是指在结构的承载能力没有明显降低情况下的变形能力。当结构中的某一构件承受的荷载超过极限荷载时，结构并不会立刻破坏，而是产生较大的变形，这就是所谓的延性破坏。当地震发生时结构的延性破坏会对人们起警示作用，争取更多的逃生的时间，逃生的机会就会更大，这样可能降低地震带来的危害。因此，结构的延性是结构具有良好的抗震性能的重要指标。同时，当结构具备一定的延性时，结构会形成塑性铰，使结构发生塑性内力重分布，从而使结构的内力分布发生变化，延缓结构的破坏。

延性一般是用延性系数 μ 来表示，结构的延性系数是衡量结构抗震性能的重要指标之一。延性反映在 $P\text{-}\Delta$ 曲线上则是指曲线在最大承载力附近存在一个屈服平台，使得 $P\text{-}\Delta$ 曲线上在荷载没有显著降低的情况下位移 Δ 仍能变形较大。

结构的延性可以用位移延性系数 μ_Δ 来衡量,即柱端的极限位移 Δ_u 与屈服位移 Δ_y 的比值:

$$\mu_\Delta = \Delta_u/\Delta_y \qquad (4\text{-}1)$$

试件的延性系数见表 4-8。

表 4-8 试件未加固与加固后延性系数

试件编号	未加固延性系数	加固后延性系数
SJ-1	4	4
SJ-2	—	3
SJ-3	3	4
SJ-4	3	4

对于梁端破坏的 SJ-1～SJ-4,加固后试件延性系数与加固之前的试件延性系数差不多甚至略有提高,这是由于试件主要是梁端破坏,对于柱端加载的试件刚度影响不大。试件受损前加固与受损后加固的延性系数差不多。在试验过程中趋于安全性的考虑,试件都没有加载到最大荷载即停止试验,其延性系数仍有一定的上升空间,且其延性受轴压比影响不大。

4.2.2.5 耗能能力分析

本次试验采用《建筑抗震试验规程》(JGJ/T 101—2015)提出的能量耗散系数 E 来衡量试件的耗能能力。E 的值越大,表示试件的耗能能力就越强。

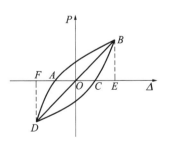

图 4-34 能量耗散系数 E 计算简图

$$E = \frac{S_{ABC} + S_{ADC}}{S_{OBE} + S_{ODF}} \qquad (4\text{-}2)$$

式中 S_{ABC} 和 S_{ADC}——荷载-位移曲线所包围的面积;

S_{OBE} 和 S_{ODF}——图 4-34 中所示三角形的面积。

各试件包络图如图 4-35 所示。根据包络图采用式(4-2)计算出的试件未加固与加固后耗能系数见表 4-9。

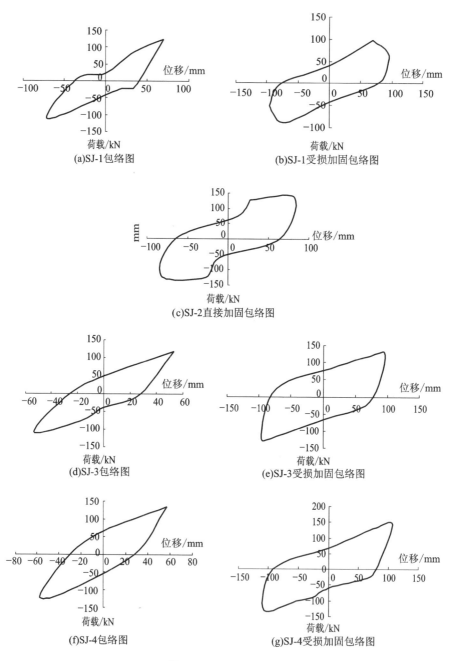

图 4-35　试件包络图

表 4-9　试件未加固与加固后耗能系数

试件编号	未加固耗能系数	加固后耗能系数
SJ-1	1.05	2.38
SJ-2	—	1.89
SJ-3	1.15	2
SJ-4	1.25	1.78

对于梁端破坏的 SJ-1～SJ-4,加固后试件的耗能系数都得到了提高,即试件受损后加固相比未加固受损,由于碳纤维布的作用,试件的耗能能力大大提高,且随着轴压比的提高,耗能能力提高的程度不断降低。试件受损前加固与受损后加固的耗能能力差不多。

4.2.2.6　强度退化和刚度退化

结构的累积损伤反映在结构的退化上,也是反映结构抗震性能的重要指标。一般结构的退化主要从结构的强度退化和刚度退化两方面考虑。

(1)强度退化

强度退化是指在循环往复的荷载作用下,当保持相同的峰值点的位移时,峰值荷载常会随着循环次数的增加而发生降低的现象,这是抗震性能重要的组成部分。强度退化可以用承载力的降低系数 λ_i 表示:

$$\lambda_i = P^i_{j,\max} / P^i_{1,\max} \tag{4-3}$$

式中　$P^i_{j,\max}$——位移级数为 i 时,第 j 循环的荷载峰值;

　　　$P^i_{1,\max}$——位移级数为 i 时,第 1 循环的荷载峰值。

SJ-1～SJ-4 强度退化如图 4-36 所示。

SJ-1～SJ-4 承载力降低系数都呈下降趋势,说明试件的强度一直在降低。在加载初期,受损加固试件比未加固试件承载力降低系数小,都呈下降趋势,说明在加载初期,前者强度退化现象没有得到改善;加载中后期,受损加固后和未加固试件承载力降低系数都减小,且前者的承载力降低系数曲线和后者相比趋于平缓。这说明在加载后

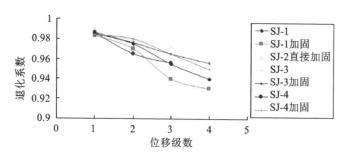

图 4-36　SJ-1～SJ-4 强度退化

期，由于碳纤维布的作用，受损加固试件与未受损试件相比强度退化得以改善。强度退化系数受轴压比影响，随着轴压比增大，强度退化系数减小的程度越低。未受损直接加固试件的强度退化性能明显优于受损后加固试件。

（2）刚度退化

刚度退化是指在循环往复荷载作用下，当保持相同峰值点荷载时，常出现峰值位移随循环次数增加而增加的现象，也是衡量抗震性能的重要组成部分。刚度退化用环线刚度 K_i 表示：

$$K_i = \sum_{j=1}^{2} P_{j,\max}^i / \sum_{j=1}^{2} \Delta_j^i \tag{4-4}$$

式中　$P_{j,\max}^i$ ——位移延性系数为 i 时第 j 循环的荷载峰值；

　　　　Δ_j^i ——位移延性系数为 i 时第 j 循环对应荷载峰值位移。

SJ-1～SJ-4 刚度退化如图 4-37 所示。

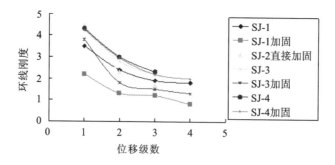

图 4-37　SJ-1～SJ-4 刚度退化

　　SJ-1、SJ-3、SJ-4 三个试件的承载力降低系数都呈下降趋势,说明试件的刚度一直在降低。图 4-37 可以看出,梁端受损试件加固后,整个试验过程的环线刚度都基本小于未受损试件,说明当位移较小时,受损试件环线刚度小于未受损试件,受损对环线刚度影响明显;随着位移变大,碳纤维布发挥作用,受损试件与未受损试件的环线刚度慢慢趋近,表明此时受损对环线刚度的影响已减小。整个过程中,加固后环线刚度曲线较未加固环线刚度曲线平缓,说明加固后试件的刚度虽然减小,但是改善了试件的刚度退化性能。刚度退化性能受轴压比影响,轴压比越大,未加固试件的环线刚度退化系数曲线越平缓,受损试件加固后的初始环线刚度退化系数越接近未加固试件的初始环线刚度退化系数。相同条件下未受损直接加固试件的环线刚度退化系数曲线比受损后加固的环线刚度退化系数曲线平缓,即前者的刚度退化性能较好。

　　各试件试验数据汇总见表 4-10。

表 4-10　试件试验数据汇总

试件编号	开裂荷载 (kN)	屈服荷载 (kN)	屈服位移 (mm)	最大荷载 (kN)	最大位移 (mm)	极限荷载 (kN)	极限位移 (mm)	延性系数	耗能系数	轴压比	破坏形式
试件 1	20	60	17	124	69	—	—	4	1.05	0.15	梁端破坏
试件 1 加固	—	50	23	96	70	72	93	4	2.38	0.15	梁端破坏
试件 2 加固	—	120	27	128	55	112	83	3	1.89	0.25	梁端破坏
试件 3	20	80	18	118	54	—	—	3	1.15	0.25	梁端破坏
试件 3 加固	—	90	24	119	72	108	96	4	2	0.25	梁端破坏
试件 4	30	80	19	128	57	—	—	3	1.25	0.3	梁端破坏
试件 4 加固	—	90	27	138	106	—	—	4	1.78	0.3	梁端破坏

4.2.3　试验结果的对比分析

　　(1)对比梁端剪切破坏试件 SJ-1～SJ-4 加固前后的试验结果可以

发现，梁端受损后加固，试件柱端屈服位移、最大位移都有不同程度的提高，但承载力没有明显提高，延性和刚度基本保持不变。但是，加固后大大改善了强度退化和刚度退化性能，耗能系数变大。由此可见，相同条件下 CFRP 加固梁端破坏试件的主要效果是改善其强度退化、刚度退化及耗能等抗震性能，增大其屈服位移和最大位移，而对其承载力、刚度及延性的加强作用不大。

（2）轴压比对试件加固前后的抗震性能有一定影响，随着轴压比的增大，屈服荷载、最大荷载、极限荷载都有不同程度的提高，而最大位移和极限位移都不同程度地减小，同时增大轴压比改善了强度退化、刚度退化性能，提高了试件耗能能力，但对试件延性影响不大。

（3）试件未受损直接加固时的屈服荷载、屈服位移、最大荷载、极限荷载都高于受损后加固试件，前者的最大位移、极限位移都比后者的要小；试件未受损时加固的强度退化和刚度退化性能都要优于受损后加固试件，前者与后者延性系数相差不大，但是前者的耗能能力强于后者。由此可见，受损对 CFRP 加固影响还是比较明显的，它减小了试件加固的各阶段承载力，增大了各阶段的位移，减弱了刚度退化、强度退化性能和耗能能力。试验中采用角钢对节点核心区进行约束，从构造上扩大了节点核心区范围，提高了节点刚度，改善了受损节点的抗震性能，对核心区碳纤维布与混凝土共同作用起到了加强效果，表明用布置角钢的构造措施对节点进行加固是有效的。如果对受损结构修复得当，使其材料性能能够得到充分利用，对其承载力和延性等抗震性能也能产生一定的提高作用。

4.3　框架节点加固的有限元分析

4.3.1　有限元模型的建立

（1）有限元模型的建立

本章采用的有限元模型为组合式模型，即假定钢筋与混凝土之间粘结很好,不考虑钢筋与混凝土之间的相对滑移。建模过程中,首先根据相应的参数建立混凝土的有限元模型,采用布尔运算切割混凝土,划出钢筋所处的位置。为了不使整个混凝土模型分成不规则的单元并能更好地划分单元,可通过布尔操作将混凝土模型划分为规则的实体。对混凝土单元进行网格划分,即得到混凝土单元的有限元模型。然后通过共节点的方式在已划分好网格的混凝土单元的有限元模型上建立钢筋的有限元模型。

在混凝土表面通过共节点的方式加一层 Shell181 单元,建立碳纤维布的模型。可以忽略碳纤维布与混凝土之间的粘结破坏,通过耦合节点的自由度来实现混凝土与碳纤维布的连接。

结构的有限元模型如图 4-38 所示。

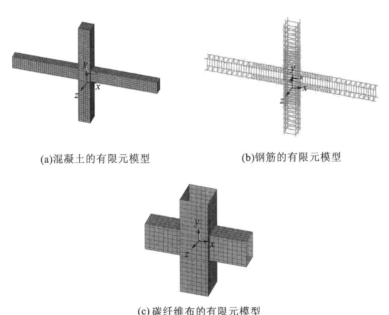

(a)混凝土的有限元模型   (b)钢筋的有限元模型

(c)碳纤维布的有限元模型

图 4-38 结构的有限元模型

(2)加载方式

在钢筋混凝土有限元模型的柱顶以面荷载的方式施加恒定的竖向面荷载。由于试验采用的力-位移混合加载制度复杂,很难实施,故水平方向上采用柱端位移单调加载的方式。以屈服位移 Δ 为基准,以每次增加 1 个 Δ 的方式来控制加载。

（3）边界情况

由于在本次试验中柱端加载需要考虑 $P\text{-}\Delta$ 效应, 于是模型的边界条件按如下采用, 柱底约束 x、y、z 三个方向的自由度, 模拟铰接; 对柱顶约束其平面外 z 方向的自由度; 对梁端约束平面外 z 方向的自由度和竖向 y 方向的自由度, 模拟可水平移动的铰。

4.3.2　有限元计算的收敛控制

在进行非线性有限元分析时, 有限元程序的自动时间步根据求解和模型的特性对荷载步的大小进行预测和控制。如果收敛平稳, 自动时间步就会增大荷载增量到所定义的最大荷载步长; 如果收敛有突变, 自动时间步就会减小荷载增量, 如果减小到低于最小的荷载步就会提示停止计算, 说明计算不收敛。以力为基础的收敛可以提供收敛的绝对量度, 而以位移为基础的收敛则提供收敛的相对量度。在钢筋混凝土中, 当钢筋达到屈服强度或混凝土达到开裂荷载时, 常会出现塑性流动甚至软化的现象。所以, 用力作为收敛的标准往往导致收敛困难, 如果改用位移作为收敛的标准, 则收敛要容易一些。

可以通过考虑以下几个方面来防止不收敛:

（1）网格密度

网格密度也就是单元尺寸问题。在实体模型划分网格为有限元模型时, 要控制单元尺寸的大小。如果单元的尺寸过小, 容易发生应力集中, 导致结构破坏。而单元尺寸过大, 得到的结果就达不到需要的精度要求。网格的最小尺寸应控制在 50mm 以上, 如果需要的话, 在容易产生应力集中的部位可加大网格尺寸。本模型中混凝土的最小网格尺寸定为 50mm。

（2）子步数的确定

ANSYS 中的荷载是通过荷载步来施加的, 其中每个荷载步又分为更小的子步数。通过控制子步数的大小, 可以得到所需要的精度。子步数设置过大或过小都无法达到正常的收敛要求。一般来说, 较大的子步数可以得到较好精度,但计算的时间较长,而较小的子步数则容易导致不收敛。

(3)混凝土压碎

不考虑混凝土的压碎能够更容易收敛。本章中不考虑混凝土的压碎。

(4)加载点与支座处设置垫块

直接施加点荷载很容易产生应力集中,同理结构的支座处也容易发生应力集中,这些都很容易造成不收敛。在有限元计算中,在支座处设置弹性垫块,通过施加面荷载的方式加荷载。

另外,打开自动时间步长、线性搜索、预测器等选项也能加快收敛。

4.3.3 有限元计算结果分析

ANSYS 计算完成后,可以通过结果后处理来查看各个单元的应力和应变的情况,通过时间历程后处理可以查看各个荷载步上计算结果,通过图表分析能得到柱顶的 P-Δ 曲线。在本节中,将从节点的破坏过程、混凝土的应力分析、钢筋的应力分析、碳纤维布应力应变分析以及在一次性加载下得出试件滞回曲线,比较构件的强度、刚度、极限位移和延性等参数。

4.3.3.1 节点破坏过程

ANSYS 有限元软件通过设定混凝土的抗拉强度来模拟混凝土开裂,本模型中的 $f_t = 1.43\text{MPa}$。当混凝土超过所设定的抗拉强度时,混凝土会发生开裂。在裂缝图中一个小圆圈表示此处开裂,裂缝开展情况可以通过后处理来查看。

这四根试件的破坏过程相似。当柱端水平荷载达到开裂荷载时,右侧的梁的核心区附近梁底出现第一条裂缝,随着荷载的增加,左侧梁的上部也出现裂缝,裂缝开始向核心区发展,现有裂缝不断开展,同时也出现了新的裂缝。当荷载达到屈服荷载时,梁端裂缝明显,核心区出现交叉裂缝,此时柱端的水平位移值记为屈服位移。继续加载,最后由于试件的裂缝开展严重，导致单元破坏过大，有限元计算无法继续进行下去，试件最终破坏。从裂缝的开展过程来看，属于由原先的梁端弯曲破坏发展到梁端弯曲与核心区剪切的组合破坏。试件破坏时的裂缝如图 4-39 所示。

对比 SJ-1～SJ-4 的破坏过程可知，从裂缝情况上来看，加固后的梁端裂缝明显多于未加固前的梁端裂缝，这说明碳纤维布的加固对核心区的裂缝的开展有一定的约束作用，改善了试件的承载力。

4.3.3.2　应力应变分析

（1）混凝土应力分析（图 4-40）

国内外主要的四种节点核心区抗剪机理的数学模型为斜压杆模型、剪摩擦模型、桁架模型和组合块体模型。从有限元模拟的混凝土主应力图中可以看出，节点核心区的混凝土受压区形成明显的斜压杆，梁端传来的剪力主要由核心区的混凝土斜向压杆承担，这也说明抗剪数学模型中的斜压杆模型是有一定的根据的。

（2）钢筋的应力分析（图 4-41、图 4-42）

从钢筋的应力角度来看，未加固试件的梁内纵筋刚刚到达屈服强度试件即破坏，未加固试件箍筋均未达到屈服。而在碳纤维布加固后，梁的纵筋和核心区箍筋均达到屈服强度。这说明碳纤维布对混凝土裂缝的开展有着一定的约束作用，这也使得钢筋可以得到更充分的利用。

（3）碳纤维布应力应变分析（图 4-43）

从 SJ-1～SJ-4 的碳纤维布应力应变图中可以看出，试件破坏时碳纤维布并没有达到屈服强度，其材料的性能没有得到充分的发挥；从图中可以发现，梁柱交接的转角处的碳纤维布应力较大，因此在实际工程应用当中一定要加强转角处的锚固，以免此处碳纤维布发生剥离破坏。

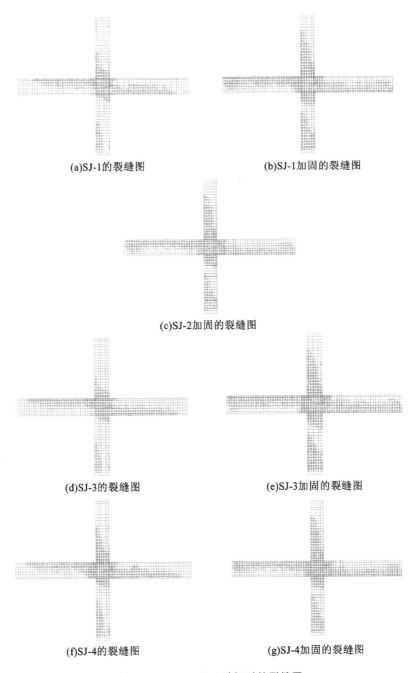

(a)SJ-1的裂缝图　　　　　　　　　　　(b)SJ-1加固的裂缝图

(c)SJ-2加固的裂缝图

(d)SJ-3的裂缝图　　　　　　　　　　　(e)SJ-3加固的裂缝图

(f)SJ-4的裂缝图　　　　　　　　　　　(g)SJ-4加固的裂缝图

图 4-39　SJ-1～SJ-4 破坏时的裂缝图

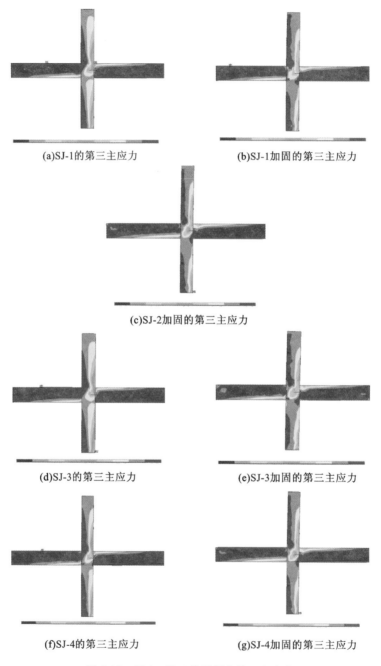

(a)SJ-1的第三主应力　　　　　　　　(b)SJ-1加固的第三主应力

(c)SJ-2加固的第三主应力

(d)SJ-3的第三主应力　　　　　　　　(e)SJ-3加固的第三主应力

(f)SJ-4的第三主应力　　　　　　　　(g)SJ-4加固的第三主应力

图 4-40　SJ-1～SJ-4 的混凝土第三主应力

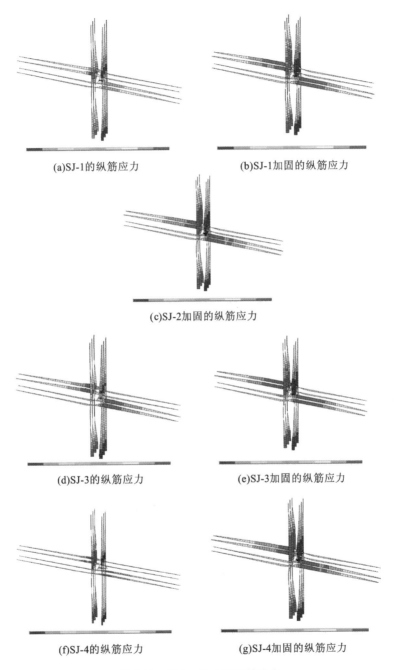

(a)SJ-1的纵筋应力　　　　　　　(b)SJ-1加固的纵筋应力

(c)SJ-2加固的纵筋应力

(d)SJ-3的纵筋应力　　　　　　　(e)SJ-3加固的纵筋应力

(f)SJ-4的纵筋应力　　　　　　　(g)SJ-4加固的纵筋应力

图 4-41　SJ-1～SJ-4 的纵筋应力

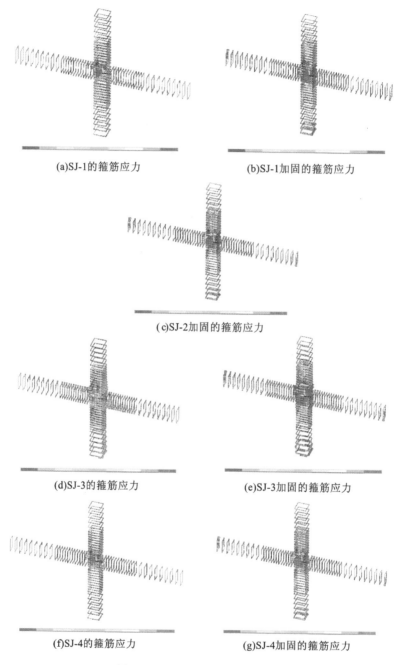

(a)SJ-1的箍筋应力　　　　(b)SJ-1加固的箍筋应力

(c)SJ-2加固的箍筋应力

(d)SJ-3的箍筋应力　　　　(e)SJ-3加固的箍筋应力

(f)SJ-4的箍筋应力　　　　(g)SJ-4加固的箍筋应力

图 4-42　SJ-1～SJ-4 的箍筋应力

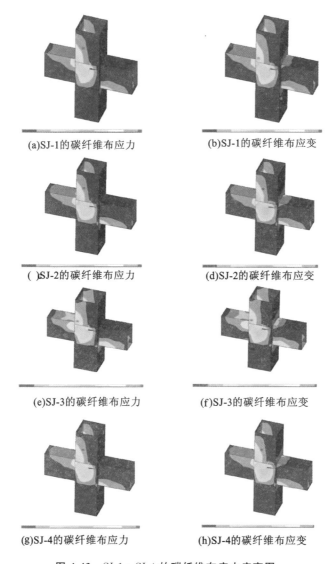

(a)SJ-1的碳纤维布应力

(b)SJ-1的碳纤维布应变

( )SJ-2的碳纤维布应力

(d)SJ-2的碳纤维布应变

(e)SJ-3的碳纤维布应力

(f)SJ-3的碳纤维布应变

(g)SJ-4的碳纤维布应力

(h)SJ-4的碳纤维布应变

图 4-43 SJ-1~SJ-4 的碳纤维布应力应变图

参 考 文 献

[1] 方明新. 混凝土框架节点梁端破坏加固试验研究[D]. 武汉:武汉理

工大学,2012.

[2] 熊仲明,王社良. 土木工程结构试验[M]. 北京:中国建筑工业出版社,2006.

[3] 江卫国. 钢筋混凝土梁—柱—节点组合件碳纤维加固的试验研究[D]. 南京:东南大学,2004.

[4] 肖国强. 钢筋混凝土框架节点抗震性能及抗震加固研究[D]. 长沙:湖南大学,2006.

[5] 陈玺. 有限元法在钢筋混凝土框架节点中的应用[D]. 重庆:重庆大学,2005.

[6] MARIA J F,BASSAM A I,CHRIS G K. Modelling exterior beam-column joints for seismic analysis of RC frame structures[J]. Earthquake Engineering and Structural Dynamics,2010,37 (13):1527-1548.

5 CFRP 在钢筋混凝土筒仓加固中的应用

5.1 钢筋混凝土筒仓的基本结构

5.1.1 筒仓结构几何尺寸

本章以某水泥厂钢筋混凝土落地式圆柱形筒仓为例进行有限元分析,其结构简图如图 5-1 所示。

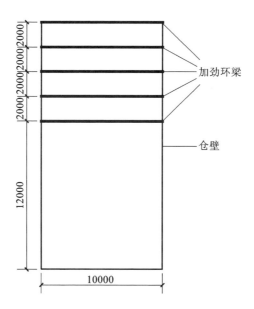

图 5-1 钢筋混凝土筒仓结构简图

该钢筋混凝土筒仓几何尺寸如下:直径 $d_n=10\text{m}$,筒仓高 $h_n=20\text{m}$,厚度 $t=200\text{mm}$。筒仓仓壁为圆筒状。筒仓仓壁支承在混凝土底板上,筒仓仓壁与底板为整体连接,其支承方式可以认为是均匀支承。

5.1.2　计算参数

钢筋混凝土筒仓的混凝土强度等级为 C30，密度 $\rho_c = 2500 \text{kg/m}^3$，其弹性模量 $E_c = 30 \text{GPa}$，泊松比 $\mu_c = 0.2$，抗压强度 $f_c = 14.3 \text{N/mm}^2$，抗拉强度 $f_t = 1.43 \text{N/mm}^2$。钢筋采用 HRB338 钢，环向受力钢筋为内外双层 Φ16@150，纵向受力钢筋为内外双层，直径为 $\phi12$，每层沿整个圆周均匀布置 180 根。钢筋密度 $\rho_s = 7850 \text{kg/m}^3$，弹性模量 $E_s = 200 \text{GPa}$，泊松比 $\mu_s = 0.3$，抗拉和抗压强度 $f_s = 215 \text{N/mm}^2$。

筒仓的贮料为水泥，其重力密度 $\gamma = 16 \text{kN/m}^3$，内摩擦角 $\varphi = 30°$，摩擦因数 $\mu = 0.58$。

5.2　筒仓贮料荷载和强度计算

5.2.1　贮料荷载的计算

贮料荷载对钢筋混凝土筒仓仓壁的作用力主要有两种：一种是垂直于仓壁的水平压力，另一种是沿仓壁的竖向摩擦力。钢筋混凝土筒仓设计规范将筒仓分为深仓和浅仓，两者关于贮料对仓壁的作用力的计算方法不同。深仓和浅仓的划分标准为：当筒仓内贮料的计算高度 h_n 与圆形筒仓内径 d_n 比值大于或等于 1.5 时为深仓；小于 1.5 时为浅仓。本章研究的钢筋混凝土筒仓的计算高度与内径之比 $h_n/d_n = 20/10 = 2 > 1.5$，属于深仓。深仓贮料压力示意如图 5-2 所示。

根据《钢筋混凝土筒仓设计标准》(GB 50077—2017)，深仓贮料的压力标准值按照以下公式计算：

①筒仓计算深度 s 处，贮料作用在仓壁单位面积上的水平压力标准值可按式(5-1)计算：

$$P_{hk} = \frac{C_h \gamma \rho}{\mu}(1 - e^{-\mu ks/\rho}) \tag{5-1}$$

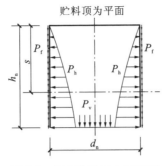

图 5-2 深仓贮料压力示意图

②筒仓计算深度 s 处,贮料作用于筒仓单位水平面积上的竖向压力标准值可按式(5-2)计算:

$$P_{vk} = \frac{C_v \gamma \rho}{\mu k}(1 - e^{-\mu ks/\rho}) \qquad (5\text{-}2)$$

③筒仓计算深度 s 处,贮料作用在筒仓仓壁单位面积上竖向摩擦力标准值可按式(5-3)计算:

$$P_{fk} = \mu P_{hk} \qquad (5\text{-}3)$$

④筒仓计算深度 s 处,贮料作用于筒仓仓壁单位周长上的总竖向摩擦力标准值应按式(5-4)计算:

$$q_{fk} = \rho[\gamma s - \gamma \rho(1 - e^{-\mu ks/\rho})/(\mu k)] \qquad (5\text{-}4)$$

式中 s——计算深度(m),由贮料顶面或贮料锥体的重心至所计算的截面的距离;

       γ——贮料的重力密度(kN/m³);

       μ——贮料对仓壁的摩擦因数;

       ρ——筒仓水平净截面的水力半径,对于圆形筒仓,取 $\rho = \dfrac{d_n}{4}$;

       φ——贮料内摩擦角(°);

       k——贮料侧压力系数,$k = \tan^2(45° - \varphi/2)$;

       C_h——深仓贮料水平压力修正系数,可按表 5-2 取值;

       C_v——深仓贮料竖向压力修正系数,可按表 5-2 取值。

表 5-1 为按式(5-1)至式(5-4)计算所得的筒仓仓壁在不同计算高度时的压力标准值。

表 5-1　深仓不同计算高度时的压力标准值

s(m)	P_{hk}（kN/m²）	P_{vk}（kN/m²）	P_{fk}（kN/m²）	q_{fk}（kN/m）
1	5.981954	30.79513	3.469533	1.506087
2	13.16476	59.30073	7.635562	5.874086
4	30.55596	110.1116	17.72246	22.36054
6	51.16478	153.648	29.67557	47.94003
8	63.58682	190.9514	36.88036	81.31072
10	74.23045	222.9143	43.05366	121.3572
12	83.35025	250.3011	48.34315	167.1237
14	91.16441	273.767	52.87536	217.7913
16	97.85984	293.8734	56.75871	272.6583
18	103.5967	311.1012	60.08609	331.1235
20	108.5655	323.6276	62.96798	395.46551

由于卸料和贮料流动时会产生超压，对筒仓产生不利的影响，在式(5-1)和式(5-2)分别采用了水平压力修正系数 C_h 和竖向压力修正系数 C_v 来考虑这一影响。

水平压力修正系数 C_h 和竖向压力修正系数 C_k 按表 5-2 取值。

表 5-2　深仓贮料压力修正系数

筒仓部位	系数名称	动态压力修正系数值		
仓壁	水平压力修正系数 C_h	$s \leqslant \dfrac{h_n}{3}$	$1 + 3\dfrac{s}{h_n}$	1. 当 h_n/d_n 大于 3 时，C_h 值乘以系数 1.1；
		$s > \dfrac{h_n}{3}$	2.0	2. 对于流动性较差的散料，C_h 值乘以系数 0.9
仓底	竖向压力修正系数 C_v	钢漏斗	1. 粮食筒仓取 1.3； 2. 其他筒仓取 2.0	
		钢筋混凝土漏斗	1. 粮食筒仓取 1.0； 2. 其他筒仓取 1.4	
		平板	1. 粮食筒仓取 1.0； 2. 漏斗填料最大厚度大于 1.5m 时取 1.0； 3. 其他筒仓取 1.4	

5.2.2 筒仓的强度校核

根据《钢筋混凝土筒仓设计标准》(GB 50077—2017),圆形筒仓薄壳结构构件,应计算其薄膜内力。圆形钢筋混凝土筒仓在贮料荷载作用下的环向拉力 $N_p = P_h R = 1.3 P_{hk} R$。筒仓底部贮料压力最大,此时 $N_p = 1.3 \times 103.5967 \times 5 = 673.37855 \text{kN/m}$。所需钢筋面积 $[K][\delta] = [P] = 673.37855 \times 1000/300 = 2244.60 \text{mm}^2/\text{m}$。本章实配钢筋内外双层 $\phi 16@150$,$[\delta] = 3.14 \times 8 \times 8 \times 2 \times 1000/150 = 2679.47 \text{mm}^2/\text{m}$,满足要求。钢筋混凝土筒仓在贮料荷载作用下竖向受压,一般情况下,在设计时考虑仓壁所受的竖向压力全部由混凝土来承担,而竖向钢筋只需要满足构造要求即可。根据钢筋混凝土筒仓设计规范,仓壁的竖向钢筋直径不宜少于 10mm,钢筋间距不应少于每米三根。本章竖向钢筋直径为 12mm,内外双层,每层沿圆周均匀分布 180 根,满足规范要求。

5.3　有限元建模

本章所研究的落地式钢筋混凝土筒仓是比较典型的圆柱薄壳结构,其结构受力性能十分复杂。

5.3.1 单元的选取

本章中的钢筋混凝土筒仓仓壁厚度为 200mm,筒仓高度为 20m,因此本筒仓属于典型的圆柱薄壳结构,许多参考文献中对于钢筋混凝土筒仓都采用了壳单元进行模拟。但是由于钢筋混凝土结构在大多数情况下是带裂缝工作的,为了便于分别求解混凝土和钢筋的应力和位移,以及模拟混凝土的裂缝,本章采用 Solid65 单元来模拟混凝土实体仓壁。由于分离式模型计算更为符合实际,且可以分别得到钢筋和混凝土的应力和位移,所以本章采用分离式模型。

对于钢筋,本章采用常用的 Link8 杆单元来模拟。Link8 单元为三维杆单元，具有两个节点，每个节点有 x、y、z 三个方向的线位移这三个自由度，与 Solid65 单元一致，可以使 Solid65 单元与 Link8 单元共用相同的节点，不考虑混凝土与钢筋之间的粘结滑移。Link8 单元只考虑沿杆件轴向的拉压变形，不考虑弯矩，可考虑塑性、应力刚化和大变形。

CFRP 是典型的正交各向异性材料，在其中的一个方向弹性模量和抗拉强度很大，厚度很薄，在平面外刚度很低，因此可采用壳单元 Shell41 单元来模拟 CFRP 板。

5.3.2　材料属性的定义

仓壁和 CFRP 板的材料参数见表 5-3。

表 5-3　材料参数

材料	材料性能	备注
仓壁	$E = 206\text{GPa};\mu = 0.3$	各向同性材料
CFRP 板	$E_x = 235\text{GPa};E_y = E_z = 10\text{GPa};$ $G_{xy} = G_{xz} = 5\text{GPa};G_{yz} = 2.5\text{GPa};$ $\mu_{xy} = \mu_{xz} = 0.28;\mu_{yz} = 0.35$	正交各向异性材料

ANSYS 中上述材料属性设置如图 5-3、图 5-4 所示。

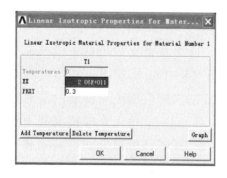

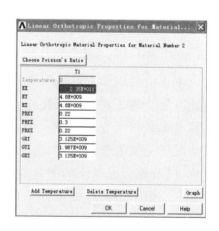

图 5-3　仓壁材料属性设置　　　　图 5-4　CFRP 板材料属性设置

5.3.3 几何模型的建立及网格划分

ANSYS 建模主要有三种方法:自底向上法、自顶向下法、混合使用前两种方法。自底向上建立模型时,首先定义关键点,然后依次是相关的线、面、体。自顶向下建模时,直接建立较高级单元对象,其所对应的较低级单元对象一起产生,对象单元高低顺序依次为体、面、线及点。本章采用自底向上的建模方法,模型共分两种:未加固筒仓,在底部粘贴宽度为 2.5m、厚度为 1.5mm CFRP 板的筒仓(图 5-5)。

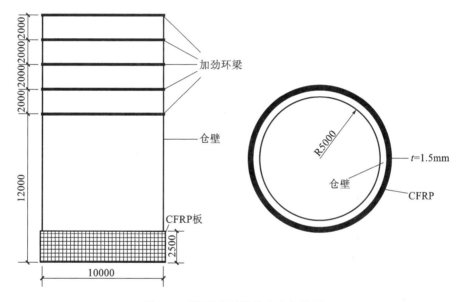

图 5-5 CFRP 板粘贴筒仓几何简图

几何模型不能用于计算分析,必须将其生成有限元模型。生成有限元模型的方法就是对几何模型进行网格划分。网格划分主要包括以下三个步骤:①定义单元属性;②定义网格控制选项;③生成网格。其中以第二个步骤最为重要,网格的疏密程度对结构的好坏影响很大,网格数目不能太小即单元尺寸不能太大,否则可能导致错误或误差过大的结果,但单元数目也不必过多即单元尺寸不能过小,否则会导致过大的资源占用。根据 ANSYS 中的单元能量误差百分比,

CFRP 加固筒仓模型的网格尺寸定为 0.25m。

5.3.4 荷载及边界条件定义

本章只考虑作用在仓壁上的竖向摩擦力和法向应力，参考《粮食平房仓设计规范》(GB 50320—2014)(以下简称《粮规》)中起控制作用的荷载组合方式施加于筒仓模型上。根据筒仓的实际情况，筒仓为上下端铰接，筒仓底部约束三个方向位移自由度，筒仓顶部约束环向和径向位移的自由度。有限元模型如图 5-6 所示。

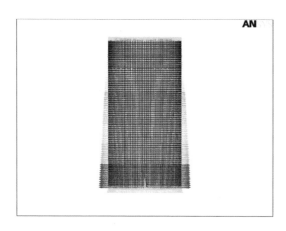

图 5-6 CFRP 板-筒仓有限元模型

5.4 结果分析

在实际工程结构中，最常用的结构分析方法是结构的线性静力分析。线性静力分析计算是对结构在不变的静荷载作用下的受力分析。它不考虑惯性和阻尼影响。结构的线性静力分析应用非常广泛，是其他各种分析的基础。结构的线性静力分析包括应力、应变、位移和力等。

本章对使用 CFRP 加固前和加固后的筒仓进行线性应力分析，研究两者应力和径向位移的变化情况，然后考察 CFRP 板的宽度和厚度对筒仓的应力和径向位移的影响。

5.4.1　加固前后筒仓计算结果分析

首先考察加固前的筒仓在竖向摩擦力和水平压力作用下的应力分布和径向位移。图 5-7 给出了加固前筒仓在竖向摩擦力和法向压力作用下的 Mises 应力云图,从图中可以看出,在仓壁上部(距离基础 16～20m)处应力较小,变化不明显,仓壁中部(距离基础 4～16m)应力变化均匀,在距离基础约 0.5m 处,应力发生突变,Mises 等效应力达到最大,这是因为筒仓底部的径向位移受到约束,筒仓底部处的仓壁不再垂直于地面,法向压力产生了竖向应力分量,与摩擦力产生的应力分量方向相反,使得在这个范围内的仓壁上的竖向的应力变为拉应力。

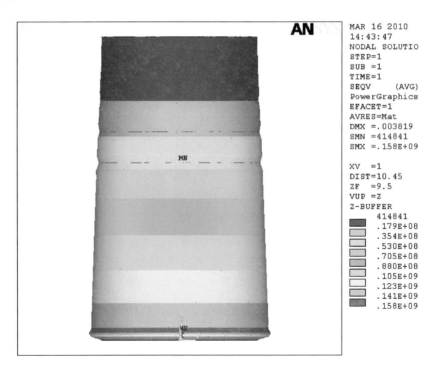

图 5-7　加固前筒仓 Mises 应力云图

筒仓的最大 Mises 等效应力的最大值为 158MPa,材料还未达到屈服强度,整个结构还在线弹性范围内工作。

图 5-8 给出了加固前筒仓的径向位移云图,从图中可以看出,在距离基础 4～12m 处仓壁的径向位移变化比较均匀,在设置加劲环梁处,径向位移发生突变,在距离基础大约 0.5m 处,径向位移达到最大值 3.24mm,这与仓壁上最大 Mises 等效应力出现位置一致,在这个位置位移和应力同时达到最大值,容易引起结构刚度的损失而迅速降低屈曲强度,发生"象腿"破坏。

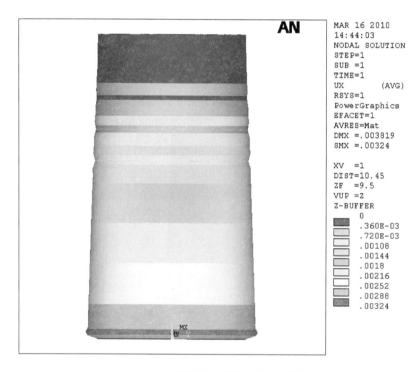

图 5-8   加固前筒仓的径向位移云图

图 5-9 给出了 CFRP 板粘贴加固后筒仓的径向位移云图,与加固前相比,筒仓的径向位移有了一定程度的减少,尤其是在 CFRP 板的粘贴部位。筒仓最大径向位移为 2.756mm,出现在距离基础约 0.5m 处,比加固前下降了 15%。CFRP 板与仓壁粘贴成整体,协调变形,共同工作,在一定程度上约束了筒仓径向变形。

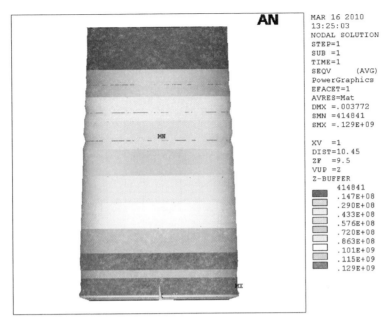

图 5-9　加固后筒仓的径向位移云图

从以上分析可知,在筒仓底部粘贴 CFRP 板后,降低了仓壁在贮料荷载作用下的应力水平,提高了筒仓的承载力,增大了结构刚度,可有效约束筒仓的径向变形。

5.4.2　CFRP 板宽度的影响

如前所述,CFRP 具有许多优点,例如轻质、高强、耐腐蚀等特点,在结构加固工程中应用最为广泛,技术也最为成熟。在研究与应用过程中,许多学者详细分析了 CFRP 的几何尺寸、材料参数对结构加固效果的影响。下面,我们将研究 CFRP 片材的宽度和对筒仓应力分布和径向位移的影响。

图 5-10 给出了加固前筒仓的 Mises 等效应力沿仓壁计算高度的分布曲线。其中 s 代表筒仓的计算高度(以下意义相同),当 $s \leqslant 0.5m$ 时,Mises 等效应力随着 s 的增大而迅速增加,在 $s = 0.5m$ 处,应力达到峰值;当 $s > 0.5m$ 后,Mises 等效应力随着 s 的增大而下降,当 s 在 $11 \sim 15m$ 之间时,曲线出现上下波动,这是因为在 $s = 12m$ 及 $s = 14m$

处设置了加劲环梁，应力发生重分布。在 $s=20\mathrm{m}$ 处，也就是筒仓顶部，Mises 等效应力很小，接近等于零。

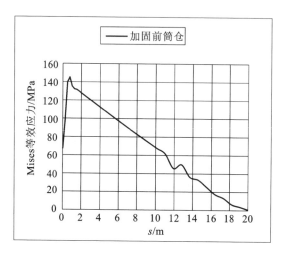

图 5-10　加固前筒仓的 Mises 等效应力沿计算高度的分布曲线

图 5-11 给出了加固前筒仓的径向位移沿着筒仓计算高度的变化曲线。当 $s\leqslant0.5\mathrm{m}$ 时，径向位移随着 s 的增大而增大，在 $s=0.5\mathrm{m}$ 处，径向位移达到最大值；当 $s>0.5\mathrm{m}$ 后，径向位移随着 s 的增大而下降，当 s 在 $11\sim15\mathrm{m}$ 之间时，曲线出现上下波动，仓壁在 $s=12\mathrm{m}$ 及 $s=14\mathrm{m}$ 处设置了加劲环梁，对径向位移有一定的约束作用。

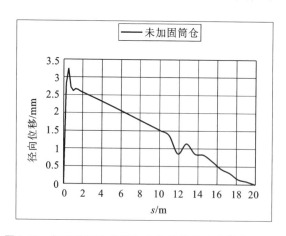

图 5-11　加固前筒仓的径向位移沿计算高度的变化曲线

现在考察 CFRP 片材宽度对筒仓应力分布和径向位移的影响。保持 CFRP 板的厚度不变,改变 CFRP 片材的宽度进行线性应力分析。

图 5-12 给出了 CFRP 板的宽度 B 为 0.5m、1m、1.5m、2m、2.5m

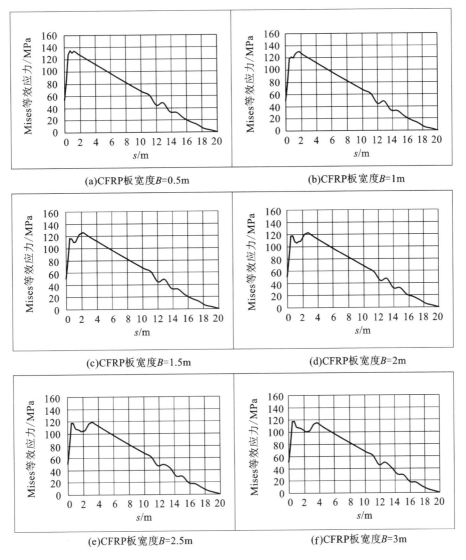

图 5-12 不同 CFRP 板宽度下的 Mises 等效应力分布曲线

和 3m 六种情况下的 Mises 等效应力沿筒仓计算高度的分布曲线。从各分布曲线可以看出,Mises 等效应力分布曲线的形式是一样的:随着 s 的增加,Mises 等效应力迅速增加,在筒仓底部附近位置达到一个峰值,随着 s 的继续增大,Mises 等效应力经历一个从减小到继续增大的过程,在仓壁的加固部位和未加固部位的交界处附近达到另一峰值,接着又逐渐减小,直至接近于零。随着 CFRP 片材宽度的不断增大,在 CFRP 片材的粘贴范围内,仓壁的应力不断减小,筒仓的整体应力水平不断下降。

表 5-4 给出了不同 CFRP 板宽度下筒仓的最大 Mises 等效应力。可以看出,筒仓在加固前和加固后的最大 Mises 等效应力有明显的变化。随着 CFRP 板宽度增加,最大 Mises 等效应力的变化并不是很明显。

表 5-4　不同 CFRP 板宽度下筒仓的最大 Mises 等效应力

CFRP 板宽度(m)	$B=0$	$B=0.5$	$B=1$	$B=1.5$	$B=2$	$B=2.5$	$B=3$
Mises 等效应力最大值(MPa)	158	135	131	127	123	119	115

图 5-13 给出了 CFRP 板的宽度 B 为 0.5m、1m、1.5m、2m、2.5m 和 3m 六种情况下的径向位移沿筒仓高度的变化曲线。从图中可看出,径向位移在筒仓底部附近达到第一个峰值,然后随着 s 的增大,径向位移经历了一个由减小到变大的过程,在仓壁的加固部位和未加固部位的交界处附近达到另一峰值,然后逐渐下降。随着 CFRP 板宽度的不断增加,在 CFRP 板的粘贴范围内,仓壁径向位移逐渐下降。

表 5-5 给出了在不同 CFRP 板宽度下的径向位移的最大值,筒仓在加固前和加固后的径向位移变化明显。随着 CFRP 板宽度的不断增大,径向位移的减小幅度不大。

表 5-5　不同 CFRP 板宽度下的最大径向位移

CFRP 板宽度(m)	$B=0$	$B=0.5$	$B=1$	$B=1.5$	$B=2$	$B=2.5$	$B=3$
径向位移最大值(mm)	3.24	2.737	2.715	2.642	2.579	2.514	2.45

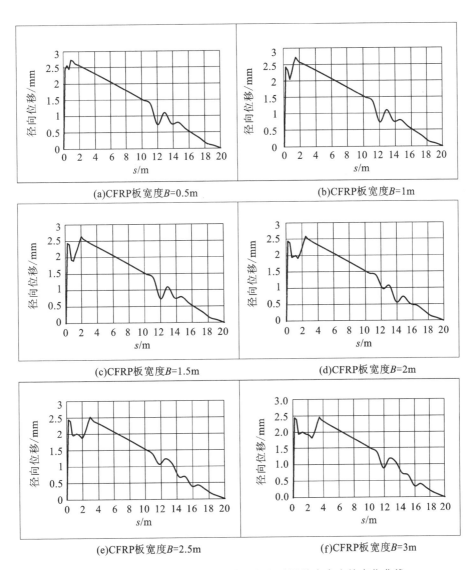

图 5-13 不同 CFRP 板宽度下的径向位移沿筒仓高度的变化曲线

5.4.3 CFRP 板厚度的影响

保持 CFRP 板的宽度不变,考察 CFRP 板厚度的变化对筒仓应力分布和径向位移的影响。图 5-14 为不同 CFRP 板厚度下的 Mises 等效应力沿筒仓计算高度的分布曲线。随着 CFRP 板的厚度的增加，粘贴 CFRP 板范围内的仓壁的 Mises 等效应力逐渐下降。

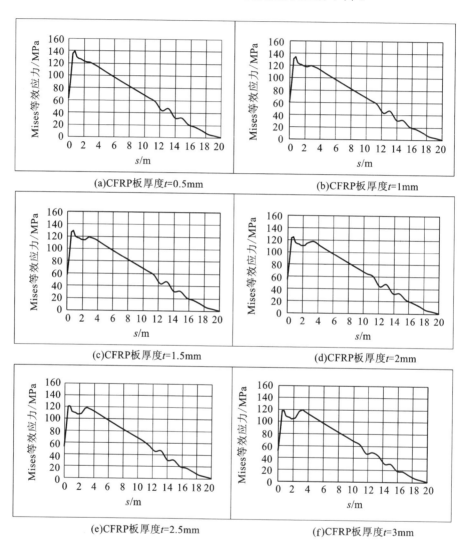

(a)CFRP板厚度t=0.5mm　　　　　　(b)CFRP板厚度t=1mm

(c)CFRP板厚度t=1.5mm　　　　　　(d)CFRP板厚度t=2mm

(e)CFRP板厚度t=2.5mm　　　　　　(f)CFRP板厚度t=3mm

图 5-14　不同 CFRP 板厚度下的 Mises 等效应力沿筒仓计算高度分布曲线

表 5-6 给出了不同 CFRP 板厚度下的筒仓最大 Mises 等效应力。随着 CFRP 板厚度的增大，Mises 等效应力缓慢下降。

表 5-6 不同 CFRP 板厚度下的筒仓最大 Mises 等效应力

CFRP 板厚度(mm)	$t=0$	$t=0.5$	$t=1$	$t=1.5$	$t=2$	$t=2.5$	$t=3$
Mises 等效应力最大值(MPa)	158	139	134	129	124	118	118

图 5-15 给出了不同 CFRP 板厚度下筒仓的径向位移沿计算高度的变化曲线,从图中可以看出,随着 CFRP 板厚度的增加,粘贴 CFRP 板的仓壁的径向位移逐渐下降,筒仓整体径向位移也缓慢减少。

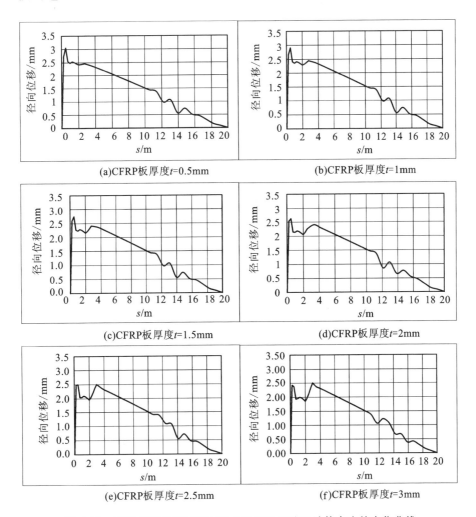

(a)CFRP板厚度t=0.5mm

(b)CFRP板厚度t=1mm

(c)CFRP板厚度t=1.5mm

(d)CFRP板厚度t=2mm

(e)CFRP板厚度t=2.5mm

(f)CFRP板厚度t=3mm

图 5-15 不同 CFRP 板厚度下筒仓的径向位移沿计算高度的变化曲线

表 5-7 给出了不同 CFRP 板厚度下筒仓的径向位移的最大值，随着 CFRP 板厚度的增大，筒仓的径向位移最大值逐渐减小，当 CFRP 板的厚度 $t > 2.5\text{mm}$ 时，径向位移最大值的变化不明显。

表 5-7　不同 CFRP 板厚度下筒仓的最大径向位移

CFRP 板厚度(mm)	$t=0$	$t=0.5$	$t=1$	$t=1.5$	$t=2$	$t=2.5$	$t=3$
径向位移最大值(mm)	3.24	3.06	2.90	2.76	2.62	2.50	2.50

5.5　CFRP 加固筒仓的稳定性数值分析

5.5.1　规范中筒仓稳定计算方法

钢板筒仓在竖向荷载作用下，仓壁应按薄壳弹性理论或下述方法进行稳定计算：

（1）在竖向轴压作用下，按式（5-5）和式（5-6）计算：

$$\sigma_c \leqslant \sigma_{cr} = k_p \frac{Et}{R} \tag{5-5}$$

$$k_p = \frac{1}{2\pi}\left(\frac{100t}{R}\right)^{\frac{1}{4}} \tag{5-6}$$

式中　σ_c ——仓壁竖向压应力的设计值；

$\quad\quad\sigma_{cr}$ ——竖向荷载作用下仓壁的临界应力；

$\quad\quad E$ ——钢材的弹性模量；

$\quad\quad t$ ——仓壁的计算厚度，当加劲肋间距小于或等于 1.2m 时，可以取仓壁的折算厚度，其他情况取仓壁厚度；

$\quad\quad R$ ——筒仓半径；

$\quad\quad k_p$ ——竖向压力作用下仓壁的稳定性系数。

（2）在竖向压力和贮料水平压力共同作用下，按式（5-7）和式（5-8）计算：

$$\sigma_c \leqslant \sigma'_{cr} = k'_p \frac{Et}{R} \tag{5-7}$$

$$k'_p = k_p + 0.265 \frac{R}{t} \sqrt{\frac{P_{vk}}{E}} \tag{5-8}$$

式中　k'_p——有内压时仓壁的稳定系数；

P_{vk}——贮料作用于仓壁单位面积上的竖向压力标准值。

表 5-8 给出了落地式钢筒仓在竖向压力和水平压力共同作用下的稳定性验算结果。从表中可以看出，在竖向压力和水平压力作用下的仓壁的临界应力 σ'_{cr} 远大于仓壁竖向压力的设计值，说明筒仓的稳定性满足《粮规》的要求。根据式（5-5），不考虑贮料的水平压力时的仓壁的临界应力 σ_{cr} 为 36MPa，小于 σ'_{cr}，说明贮料的水平压力在一定程度上可以提高筒仓的稳定性。

表 5-8　筒仓稳定性验算结果

计算高度(m)	P_{vk}（N/m²）	k'_p	σ_c（MPa）	σ'_{cr}（MPa）
1	5222.95	0.108098	0.118386	44.53635
2	10241.31	0.116543	0.456198	48.01587
4	19695.98	0.12797	1.75606	52.72384
6	28424.44	0.136218	3.834784	56.12202
8	36482.47	0.14276	6.632546	58.81721
10	43921.57	0.148182	10.09412	61.05084
12	50789.27	0.152791	14.16851	62.95
14	57129.46	0.156777	18.80865	64.59213
16	62982.67	0.160264	23.97109	66.02892
18	68386.29	0.163343	29.61571	67.29714
20	73374.86	0.166078	35.70547	68.42415

5.5.2　CFRP 板加固筒仓的特征值屈曲分析

当结构所受的荷载达到某一值时，除了原来的平衡状态可能存在外，还可能出现第二个平衡状态，又称为平衡分叉失稳或分枝点失稳，而在数学处理上是求解特征值，又称为特征值屈曲分析。

特征值屈曲分析为线弹性屈曲分析，用于预测一个理想弹性结构的理论屈曲强度（分叉点）。在稳定平衡状态，根据势能驻值原理得到结构的平衡方程为：

$$(\boldsymbol{K}_E + \boldsymbol{K}_G)\boldsymbol{U} = \boldsymbol{P} \tag{5-9}$$

式中　$\boldsymbol{K}_E$——结构的弹性刚度矩阵；

　　　$\boldsymbol{K}_G$——结构的几何刚度矩阵；

　　　$\boldsymbol{U}$——节点位移向量；

　　　$\boldsymbol{P}$——节点荷载向量。

为求得随遇平衡状态，应使系统势能的二阶变为零，即：

$$(\boldsymbol{K}_E + \boldsymbol{K}_G)\delta\boldsymbol{U} = 0 \tag{5-10}$$

因此有：

$$\left|\boldsymbol{K}_E + \boldsymbol{K}_G\right| = 0 \tag{5-11}$$

式（5-9）中的结构弹性刚度矩阵已知，因外荷载就是待求的屈曲荷载，故刚度矩阵未知。为求得该屈曲荷载，任意设一组外荷载 $\boldsymbol{P}^0$，与其相对应的几何刚度矩阵为 $\boldsymbol{K}_G = \lambda\boldsymbol{K}_G^0$，从而有

$$\left|\boldsymbol{K}_E + \lambda\boldsymbol{K}_G^0\right| = 0 \tag{5-12}$$

将上式写成特征值方程：

$$(\boldsymbol{K}_E + \lambda_i\boldsymbol{K}_G)\boldsymbol{\varphi}_i = 0 \tag{5-13}$$

式中，λ_i 为第 i 阶特征值；$\boldsymbol{\varphi}_i$ 为与 λ_i 相对应的特征向量，是相应该阶屈曲荷载时结构的变形形状，也就是屈曲模态或者失稳模态。

在 ANSYS 的特征值屈曲分析中，其结果给出的是 λ_i 和 $\boldsymbol{\varphi}_i$，即屈曲荷载系数和屈曲模态，而屈曲荷载为 $\lambda_i\boldsymbol{P}^0$。

虽然特征值屈曲分析未考虑结构的初始缺陷和非线性的影响，而只适用于理想结构，难以正确反映结构的稳定承载力，但是由于该方法方便快捷，并且是非线性计算结构的上限，有助于了解结构的整体稳定性能，同时，也是下一步非线性屈曲分析的基础。

特征值屈曲分析的主要步骤如下：①创建模型；②获得静力解；③获得特征值屈曲解；④查看结果。

5.5.2.1　典型结构的分析

以未加固筒仓和 CFRP 板粘贴加固后的筒仓为例，进行线性特征

值屈曲分析。

图 5-16 为未加固筒仓在竖向摩擦力和法向压力作用下的一阶屈曲模态,屈曲变形主要发生在 0～4m 仓高的范围内,变形最大值出现在距基础约 0.5m 处,屈曲荷载特征值为 3.991。

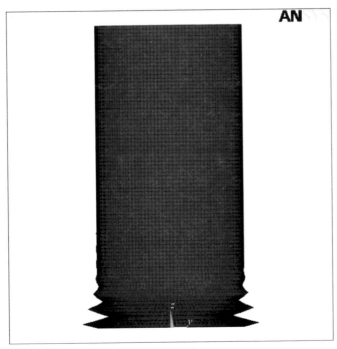

DISPLACEMENT
STEP=1
SUB =1
FREQ=3.991
PowerGraphics
EFACET=1
AVRES=Mat
DMX =.120674

图 5-16　未加固筒仓一阶特征值屈曲模态

图 5-17 为 CFRP 板粘贴加固筒仓在竖向摩擦力和法向压力作用下的一阶屈曲模态,屈曲荷载特征值为 4.37,与加固前相比,屈曲模态变化不大,特征值屈曲荷载提高了 9.5%。可见,在仓壁底部粘贴CFRP 板后,能够提高筒仓的特征值屈曲荷载。

5.5.2.2　CFRP 板宽度的影响

考察 CFRP 板宽度对筒仓特征值屈曲荷载的影响。取 CFRP 板厚度不变,改变 CFRP 板的宽度考察筒仓屈曲荷载特征值的变化。图 5-18 是 CFRP 板宽度 B 为 0.5m、1m、1.5m、2m、2.5m、3.0m、3.5m、

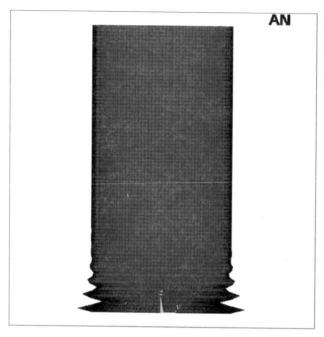

DISPLACEMENT
STEP=1
SUB =1
FREQ=4.37
PowerGraphics
EFACET=1
AVRES=Mat
DMX =.116715

图 5-17   CFRP 粘贴加固筒仓一阶特征值屈曲模态

4m 时对应的特征值。当 CFRP 板的宽度小于 2m 时,随着 CFRP 板宽度的增加,筒仓的屈曲荷载特征值几乎线性增长,当 CFRP 板的宽度大于 2m 时,CFRP 板宽度增加,特征值的增长速度变缓,当 CFRP 板宽度大于 3m 时,特征值几乎保持不变。

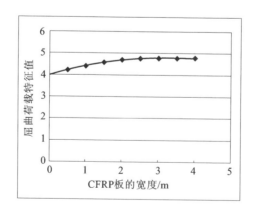

图 5-18   不同宽度 CFRP 板的特征值

5.5.2.3 CFRP 板厚度的影响

图 5-19 是 CFRP 板宽度不变,厚度 t 为 0.5mm、1mm、1.5mm、2mm、2.5mm、3mm、3.5mm、4mm 时对应的特征值。随着 CFRP 板厚度的增加,特征值几乎呈线性增长。

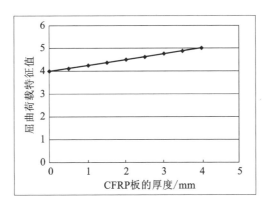

图 5-19 不同厚度 CFRP 板的特征值

由以上讨论可知,CFRP 板加固后筒仓的屈曲承载力与 CFRP 板的宽度与厚度有很大的关系,当 CFRP 板的厚度不变时,增加 CFRP 板的宽度能够提高筒仓的屈曲强度,但是当宽度达到一定时,继续增加宽度时,筒仓的屈曲强度变化不大。当 CFRP 板的宽度不变时,CFRP 板的厚度与筒仓的屈曲强度基本呈线性关系。增加 CFRP 板的厚度比增加 CFRP 板的宽度对提高筒仓的屈曲强度更加有效。

5.5.3 几何非线性屈曲分析

通过前面的特征值屈曲分析,对 CFRP 板加固筒仓的稳定性能有一定的了解,特征值屈曲分析经常得出非保守结果,通常不能用于实际的工程分析。非线性屈曲分析比线性屈曲分析更精确,可以用于对实际结构的设计或计算。该方法用一种逐渐增加荷载的非线性静力分析技术来求得使结构开始变得不稳定的临界荷载。这种近似的非线性求解是将荷载分成一系列的荷载增量。在几个荷载步或者一个荷载步的几个子步内施加荷载增量。在每个增量求解完成后，进行下一个荷载增量求解前，程序调整刚度矩阵反映结构刚度的非线性变化，但是这种方法容易造成荷载增量的累积误差，导致结果失去平衡。ANSYS 通过牛顿-拉普森（N-R）平衡迭代克服这种问题，它迫使每个荷载增量的末端解达到平衡收敛。在每次求解前，N-R 法估算残差矢量，然后使用非平衡荷载进行求解并检查收敛性。若不满足收敛准则，重新估算非平衡荷载，修改刚度矩阵，获得新解。N-R 法的基本步骤如下：

（1）以增量形式施加荷载；

（2）在每一个荷载增量中完成平衡迭代使增量达到平衡；

（3）求解平衡方程：$K_T \cdot \Delta u = F - F_{nr}$，其中 K_T 为切线刚度矩阵，Δu 为位移增量，F 为外部荷载向量，F_{nr} 为内部力向量；

（4）进行迭代，直到 $F - F_{nr}$ 在允许范围内。

对于某些物理意义上不稳定系统的非线性静态分析，如果仅仅使用 N-R 方法，正切刚度矩阵可能变为降秩矩阵，导致严重的收敛问题。在这种情况下，可以采用另外一种迭代方法——弧长法，来帮助稳定求解。

弧长法和 N-R 法相似，引入一个附加的未知项——荷载因子 $\lambda(-1 < \lambda < 1)$，力的平衡方程变为：$K_T \cdot \Delta u = \lambda F - F_{nr}$，引入一个约束方程（即弧长半径 l）：$l = \sqrt{\Delta u_n^2 + \lambda_i^2}$，其中弧长半径 l 将荷载因子 λ 和弧长迭代中的位移增量 Δu 相联系。弧长法使 N-R 平衡迭代沿一段弧收敛，从而即使正切刚度矩阵的斜率为零或负值时，也往往能阻止迭代发散。

本节分析中假定材料处于弹性阶段，不考虑材料的非线性，采用弧长法对 CFRP 板加固筒仓进行几何非线性分析。

5.5.3.1　典型结构分析

以上述未加固筒仓和 CFRP 板加固筒仓为例，进行几何非线性屈曲分析。图 5-20 与图 5-21 为未加固筒仓与 CFRP 板加固筒仓的屈曲分析荷载位移曲线，其中横轴代表仓壁顶部节点的竖向位移（单位：

mm),纵轴代表仓壁底部的支座反力(单位:kN)。以下所有荷载位移曲线定义相同。

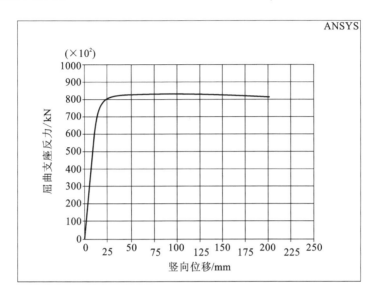

图 5-20 未加固筒仓荷载位移曲线

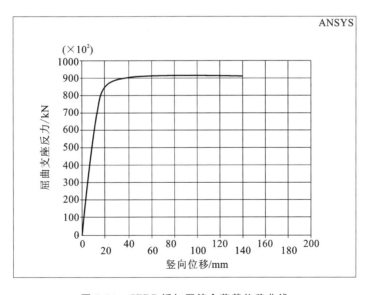

图 5-21 CFRP 板加固筒仓荷载位移曲线

未加固筒仓和 CFRP 板加固筒仓的荷载位移曲线一开始呈上升变化趋势,到达最高点后有所下降,但变化幅度很小,基本呈水平直线变化。从图 5-20 和图 5-21 来看,未加固筒仓和 CFRP 板加固筒仓屈曲时仓壁底部支座总反力分别为 83143kN 和 91047kN,筒仓加固后屈曲荷载增加了 9.5%。

图 5-22 和图 5-23 为未加固筒仓和 CFRP 板加固筒仓在发生屈曲时的 Von Mises 等效应力云图。未加固筒仓屈曲时的最大 Von Mises 等效应力为 4220MPa,加固筒仓的最大 Von Mises 等效应力为 3280MPa,粘贴 CFRP 板后,筒仓屈曲时整体应力水平相对于加固前有明显下降。

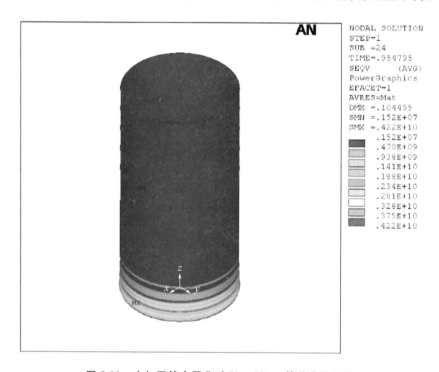

图 5-22　未加固筒仓屈曲时 Von Mises 等效应力云图

5.5.3.2　CFRP 板宽度的影响

保持 CFRP 板厚度 $t=2$mm 不变,改变 CFRP 板宽度观察筒仓几何非线性屈曲承载力的变化。图 5-24 为部分不同宽度 CFRP 板加固

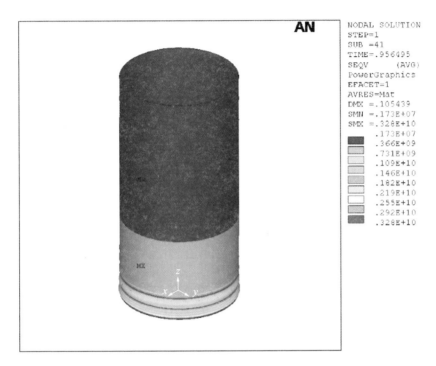

```
NODAL SOLUTION
STEP=1
SUB =41
TIME=.956495
SEQV      (AVG)
PowerGraphics
EFACET=1
AVRES=Mat
DMX =.105439
SMN =.173E+07
SMX =.328E+10
     .173E+07
     .366E+09
     .731E+09
     .109E+10
     .146E+10
     .182E+10
     .219E+10
     .255E+10
     .292E+10
     .328E+10
```

图 5-23 CFRP 板加固筒仓屈曲时 Von Mises 等效应力云图

筒仓的荷载位移曲线。表 5-9 为不同宽度 CFRP 板加固筒仓的有限元结果。从图 5-24 和表 5-9 可知,随着 CFRP 板的宽度的增加,筒仓底部支座总反力增大,屈曲承载力逐渐提高。当 CFRP 板的宽度大于 2m 时,筒仓底部支座总反力增大速度变缓,屈曲承载力提高幅度越来越小。

表 5-9 不同宽度 CFRP 板加固筒仓模型的有限元分析结果

CFRP 板宽度(m)	$B=0.5$	$B=1$	$B=1.5$	$B=2$	$B=2.5$	$B=3$
屈曲支座总反力(kN)	87763	90843	93025	93279	93942	94186
屈曲强度提高比	5.56%	9.26%	11.9%	12.2%	13.0%	13.3%

5.5.3.3 CFRP 板厚度的影响

保持 CFRP 板宽度 $B=2$m 不变,改变 CFRP 板厚度研究筒仓几

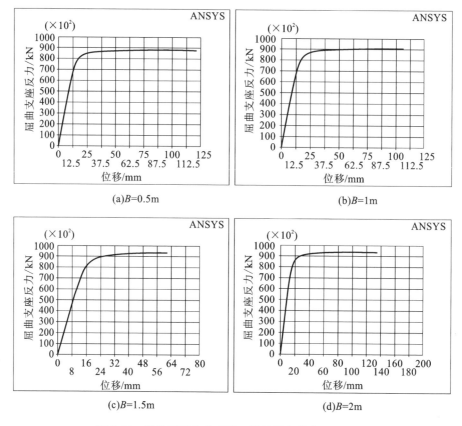

图 5-24　部分不同宽度 CFRP 板的筒仓荷载位移曲线

何非线性屈曲承载力的变化。图 5-25 为部分不同厚度 CFRP 板加固筒仓的荷载位移曲线。表 5-10 为不同厚度 CFRP 板加固筒仓的有限元分析结果。从图 5-25 和表 5-10 可以看出,随着 CFRP 板厚度的增加,筒仓底部的支座总反力不断提高,屈曲强度不断增大。增加 CFRP 板的厚度比增加宽度对筒仓屈曲承载力影响更明显。

表 5-10　不同厚度 CFRP 板加固筒仓模型的有限元分析结果

CFRP 厚度(mm)	$t=0.5$	$t=1$	$t=1.5$	$t=2$	$t=2.5$	$t=3$
屈曲支座总反力(kN)	86092	88874	91389	93549	95155	98220
屈曲强度提高比	3.53%	6.89%	9.92%	12.5%	14.4%	18.1%

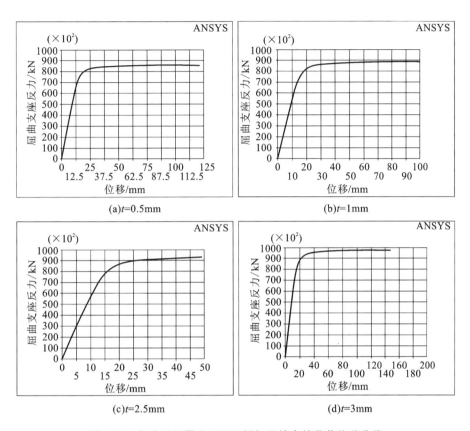

图 5-25 部分不同厚度 CFRP 板加固筒仓的荷载位移曲线

5.5.4 几何材料双重非线性屈曲分析

上一节我们对 CFRP 板加固钢筒仓进行了几何非线性屈曲分析，假定在加载过程中材料始终处于弹性状态而未考虑其塑性特性，因此考察的是结构的弹性稳定性能。但实际上钢材是一种弹塑性材料。当筒仓所受的外荷载较小时，钢材的应力 σ 和应变 ε 之间呈线性关系，随着荷载的增大，当应力超过钢材的屈曲极限，进入弹塑性阶段时，应力不再随应变的增加而线性增长。

本节采用钢材的理想弹塑性应力-应变模型（图 5-26），进一步研究考虑材料塑性时 CFRP 板加固筒仓的稳定性能。

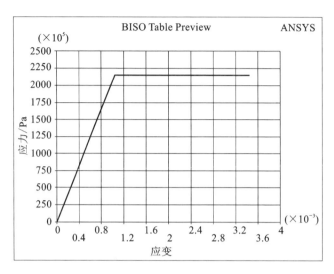

图 5-26　理想弹塑性模型

5.5.4.1　典型结构分析

这里同样以未加固筒仓和 CFRP 板加固筒仓为例，进行弹塑性屈曲分析。图 5-27 和图 5-28 分别是未加固和加固筒仓弹塑性屈曲分析的荷载位移曲线，这两条曲线类似，一开始呈上升曲线变化，到最高点后下降，荷载降低，变形继续增加，其中图 5-27 中曲线的下降段较陡，图 5-28 中曲线的下降段相对于前者较平缓。考虑材料的非线性后，筒仓的承载力和变形能力都有明显的下降，未加固和加固筒仓发生屈曲时底部支座反力分别为 29000kN 和 33457kN，为几何非线性屈曲分析的 34.9％和 36.7％，筒仓加固后屈曲强度提高了 15.4％。

图 5-29 和图 5-30 为未加固筒仓和加固筒仓发生屈曲时的 Von Mises 应力云图，未加固筒仓的最大 Von Mises 应力为 215MPa，在筒仓底部大约 1m 范围内仓壁进入塑性状态。加固筒仓在距离底部 0～4m 范围内，仓壁的 Von Mises 应力在 234～301MPa 之间，已经进入了塑性状态。可见，筒仓底部粘贴 CFRP 板后，筒仓的承载力明显提高。

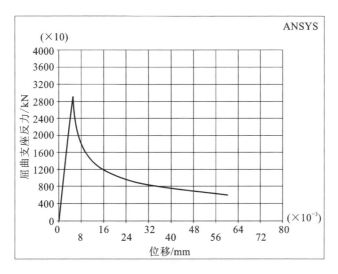

图 5-27　未加固筒仓荷载位移曲线

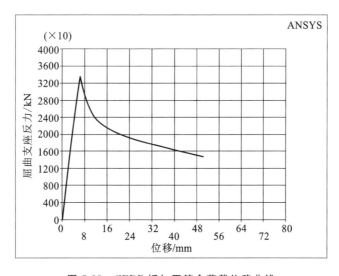

图 5-28　CFRP 板加固筒仓荷载位移曲线

　　图 5-31 和图 5-32 为未加固筒仓和加固筒仓屈曲时径向变形云图（放大 50 倍），从图中可以看出，筒仓在加固前屈曲时的最大径向位移为 7.69mm，加固后屈曲时最大径向位移为 8.91mm，筒仓在底部粘贴 CFRP 板后位移增大，延性在一定程度上有提高。筒仓在加固前和加固后发生屈曲的位置均出现在仓壁底部附近，外形像"象腿"。

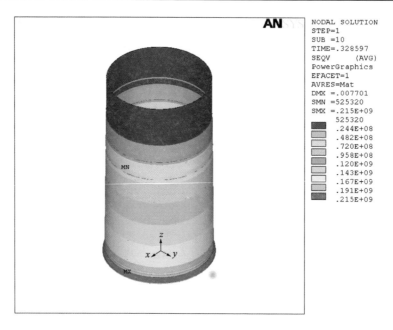

图 5-29   未加固筒仓 Von Mises 应力云图

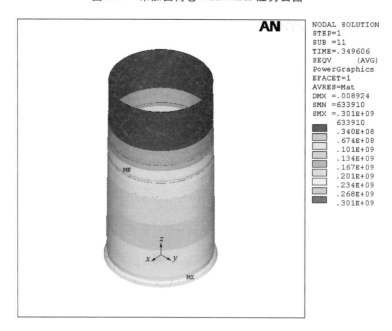

图 5-30   CFRP 板加固筒仓 Von Mises 应力云图

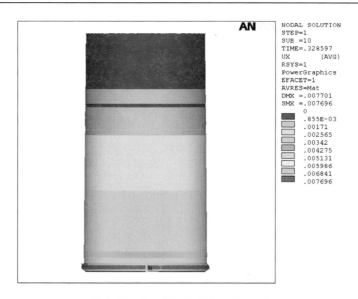

图 5-31　未加固筒仓径向变形云图

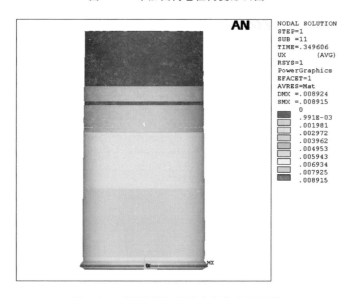

图 5-32　CFRP 板加固筒仓径向变形云图

5.5.4.2　CFRP 板宽度的影响

下面研究考虑材料非线性时 CFRP 板宽度对筒仓屈曲强度的影

响。保持 CFRP 板厚度 $t=2mm$ 不变，改变 CFRP 板的宽度考察筒仓的屈曲承载力的变化。图 5-33 为不同宽度 CFRP 板加固筒仓的荷载位移曲线。表 5-11 为不同宽度 CFRP 板加固筒仓的有限元分析结果。

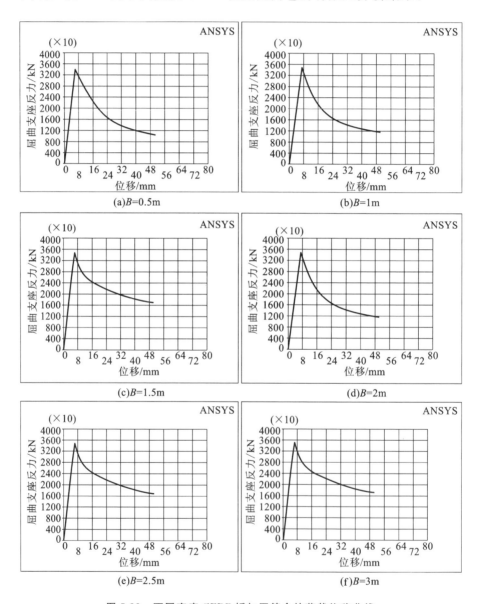

图 5-33　不同宽度 CFRP 板加固筒仓的荷载位移曲线

表 5-11 不同宽度 CFRP 板加固筒仓的有限元分析结果

CFRP 板宽度(m)	$B=0.5$	$B=1$	$B=1.5$	$B=2$	$B=2.5$	$B=3$
屈曲时支座总反力(kN)	33662	34749	34786	34791	34794	34795
屈曲强度提高比	16.1%	19.8%	20%	20%	20%	20%

从图 5-33 和表 5-11 可以看出,随着 CFRP 板宽度的增大,筒仓屈曲承载力提高,筒仓荷载位移曲线的下降段变得比较平缓。当 CFRP 板的宽度大于 1.0m 时,筒仓的屈曲承载力几乎不再提高。

5.5.4.3 CFRP 板厚度的影响

保持 CFRP 板宽度 $B=2$m 不变,改变 CFRP 板厚度来考察筒仓的屈曲承载力的变化。图 5-34 为 CFRP 板厚度 t 为 0.5mm、1mm、1.5mm、2mm、2.5mm、3mm 时筒仓的荷载位移曲线,随着 CFRP 板厚度的增加,荷载位移曲线的极值点不断升高,曲线下降段渐渐趋于平缓,筒仓所能承受极限荷载不断提高。

表 5-12 为不同厚度 CFRP 板加固筒仓的有限元分析结果,随着 CFRP 板的厚度的增加,筒仓屈曲时的支座反力不断增加,筒仓的屈曲强度不断提高。

表 5-12 不同厚度 CFRP 板加固筒仓的有限元分析结果

CFRP 板厚度(mm)	$t=0.5$	$t=1$	$t=1.5$	$t=2$	$t=2.5$	$t=3$
屈曲支座总反力(kN)	30073	32125	33076	34791	36182	37371
屈曲强度提高比	3.7%	10.8%	14.1%	20%	24.8%	28.9%

从以上分析可知,增加 CFRP 板的厚度比增加宽度对筒仓的屈曲强度影响更加明显。在一定范围内增加 CFRP 板的宽度,筒仓的屈曲承载力能得到比较明显的提高,但是继续增加宽度,筒仓的承载力提高幅度很小。而增加 CFRP 板的厚度,筒仓屈曲承载力变化明显。

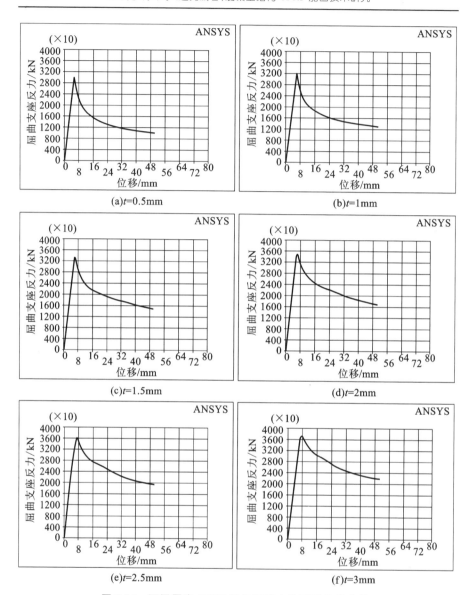

图 5-34　不同厚度 CFRP 板加固筒仓的荷载位移曲线

参 考 文 献

[1] 李旋.CFRP 加固钢筋混凝土筒仓仓壁受力有限元分析[D].武汉：武汉理工大学,2012.

6 CFRP 加固型钢混凝土结构的理论分析

6.1 型钢混凝土结构

型钢混凝土(Steel Reinforced Concrete,以下简称 SRC)结构是指在型钢周围配置钢筋,并浇筑混凝土的结构,钢骨分为实腹式和空腹式。实腹式 SRC 构件具有较好的抗震性能,而空腹式 SRC 构件的抗震性能与普通钢筋混凝土(Reinforced Concrete,以下简称 RC)构件基本相同。因此,目前在抗震结构中多采用实腹式 SRC 构件。实腹式型钢可由钢板焊接拼制而成或直接采用轧制型钢。SRC 构件的内部型钢与外包混凝土形成整体,共同受力,其受力性能优于这两种结构的简单叠加。

与钢结构相比,SRC 构件的外包混凝土可以防止钢构件的局部屈曲,并能提高钢构件的整体刚度,显著改善钢构件的平面扭转屈曲性能,使钢材的强度得以充分发挥。采用 SRC 结构,一般可比纯钢结构节约钢材达 50% 以上。此外,外包混凝土增加了结构耐久性和耐火性,欧美国家最初发展 SRC 结构就是出于对钢结构防火和耐久性方面的考虑。

先从以下几个方面来介绍型钢混凝土梁。

6.1.1 抗弯承载力

试验表明,对型钢上翼缘位于截面受压区内的 SRC 梁,且外包混凝土部分满足一定构造配筋时,钢骨与外包混凝土可较好地共同工作。因此,其正截面受弯承载力与前述 SRC 柱正截面压弯承载力计算理论相同,且一般叠加方法也同样适用。理论分析表明,在弯矩作用下，型钢部分为偏心受拉，RC 部分为偏心受压。因此，SRC 截面的受弯承载力大于型钢部分和 RC 部分受弯承载力的简单叠加。而对于型钢为对称布置的截面，《钢骨混凝土结构技术规程》采用简单叠加方法计算受弯承载力是偏于安全的。

当型钢偏置在截面受拉区时，型钢上翼缘与混凝土的界面之间有较大剪应力，并可能引起相对滑移，导致型钢与混凝土不能完全协同工作，接近破坏时界面附近产生较大的纵向裂缝，混凝土压碎高度较大，延性较差。对于这类梁应在型钢上翼缘设置足够数量的剪切连接件，其设计计算可按组合梁进行。

6.1.2　刚度和裂缝宽度

我国对 SRC 梁的刚度和裂缝宽度进行过较多的研究。试验结果表明，SRC 梁的刚度比 RC 梁有显著提高，但对提高的部分有不同的解释，刚度计算方法也有多种。有的按弯矩简单叠加方法得到刚度简单叠加的公式；而有的不仅考虑了 RC 部分偏心受压抗弯刚度与型钢部分偏拉抗弯刚度的叠加，还考虑了 RC 部分偏心压力与型钢部分偏心拉力形成的组合刚度；也有的认为型钢对内部混凝土的约束对刚度有提高作用。

6.1.3　粘结滑移

型钢和混凝土之间的粘结比钢筋和混凝土之间的粘结要小得多，所以在分析型钢混凝土的时候，它们之间的粘结就不能忽略。

最早的推出试验主要研究了型钢表面状况对型钢混凝土粘结强度的影响。Hawkins 于 1973 年进行的型钢混凝土推出试验则主要考虑混凝土浇筑位置、型钢截面尺寸和横向配箍率对型钢混凝土粘结强度的影响。

Roeder 在 1984 年所进行的型钢混凝土推出试验研究中，首次考虑了粘结应力沿型钢锚固长度上的变化，并在试验中通过在型钢翼缘密布电阻应变片的方法，根据粘结应力与型钢翼缘应力的相互关系，得出粘结应力的分布规律。

Hamdan 和 Hunaiti 于 1991 年进行的型钢混凝土推出试验着重考察了混凝土强度、型钢表面状况和横向配箍率对型钢混凝土粘结强度的影响作用。试验结果表明,混凝土强度对型钢混凝土粘结强度没有明显的影响,增大横向配箍率和对型钢表面进行喷砂处理可以提高型钢混凝土的粘结强度。

Wium 在 1992 年先后进行了型钢混凝土的推出试验和短柱试验。Wium 和 Lebet 在试验中着重考察了型钢混凝土的保护层厚度、横向配箍率、型钢的截面尺寸和混凝土的收缩等四个因素对型钢混凝土粘结强度的影响。

Roeder 和 Robert Chmielowski 在 1999 年对型钢混凝土粘结性能的有关试验研究进行了综合分析。

6.2 理 论 分 析

6.2.1 破坏形态和极限状态

粘贴碳纤维材料加固后,根据大量试验研究可知梁的正截面破坏主要有下面几种形态:

(1)适筋破坏 1:受拉钢筋先屈服,然后受压区混凝土达到其极限压应变而被压坏,此时碳纤维布尚未达到其极限拉应变。

(2)适筋破坏 2:受拉钢筋先屈服,然后碳纤维布达到其极限拉应变而被拉断,但受压区混凝土尚未被压坏。

(3)超筋破坏:在受拉钢筋屈服之前,受压区混凝土就达到其极限压应变而被压坏。超筋破坏是由于加固量过大,并且锚固措施可靠。这种破坏形态具有明显的脆性,并且碳纤维布的应力仅仅达到其极限抗拉强度的 1/10 左右,其强度得不到充分利用和发挥,因此该种破坏形态必须避免。在加固设计中,一般通过限制加固量来达到这个要求。

（4）粘结破坏：在达到正截面承载力之前，碳纤维布与胶界面之间产生粘结破坏。发生该种破坏形态时，撕下的碳纤维布上粘有很少的混凝土颗粒。粘结破坏主要是由于胶的性能达不到要求或施工质量差而引起的。在工程应用中，应该选择合适的粘结胶并严把施工质量关。

（5）剥离破坏：在达到正截面承载力之前，混凝土与胶界面之间产生剥离破坏。发生该种破坏形态的原因主要是作用于混凝土表面的剪应力和正应力的组合作用引起水平裂缝的产生和扩展，从而导致混凝土被拉下，有时甚至混凝土梁的整个保护层被拉下。

剥离破坏主要是由于混凝土保护层太薄或锚固措施不够而引起的。在施工中应该保证钢筋的混凝土保护层厚度，在加固设计中应该保证碳纤维布有足够的锚固措施，一般是全长锚固（碳纤维布长度和混凝土梁一样长）或另加可靠的锚固措施。

因此，在加固设计计算中，主要考虑的是适筋破坏 1 和适筋破坏 2 这两种破坏形态。

6.2.2　正截面受弯承载力计算公式推导

6.2.2.1　基本假定

根据本试验结果的分析和其他试验研究，结合现行国家标准《混凝土结构设计规范》，关于碳纤维布加固后梁的受弯承载力计算的基本假定如下：

（1）平截面假定：在混凝土梁破坏的过程中，截面的应变始终保持平面。

（2）不考虑受拉区混凝土的作用。

（3）混凝土的应力与应变关系曲线按下列规定取用：

当 $\varepsilon_c \leqslant \varepsilon_0$ 时

$$\sigma_c = f_c \left[1 - \left(1 - \frac{\varepsilon_c}{\varepsilon_0} \right)^n \right] \tag{6-1}$$

当 $\varepsilon_0 < \varepsilon_c \leqslant \varepsilon_{cu}$ 时

$$\sigma_c = f_c \tag{6-2}$$

$$n = 2 - \frac{1}{60}(f_{cu,k} - 50) \tag{6-3}$$

$$\varepsilon_0 = 0.002 + 0.5(f_{cu,k} - 50) \tag{6-4}$$

式中　σ_c ——混凝土压应力；

　　$f_{cu,k}$ ——混凝土立方体抗压强度标准值；

　　f_c ——混凝土轴心抗压强度设计值；

　　ε_0 ——混凝土压应力刚好达到 f_c 时的混凝土压应变；

　　ε_{cu} ——正截面混凝土极限压应变；

　　n ——系数。

当混凝土强度等级小于 C50 时，$n = 2$，ε_0 取 0.002，ε_{cu} 取 0.0033。

（4）钢筋的应力-应变关系为直线和水平线的组合折线，受拉钢筋的极限应变值取 0.01。

当 $\varepsilon_s E_s < f_y$ 时，

$$\sigma_s = \varepsilon_s E_s \tag{6-5}$$

当 $\varepsilon_s E_s \geqslant f_y$ 时，

$$\sigma_s = f_y \tag{6-6}$$

（5）碳纤维布的应力-应变关系为直线：在混凝土梁破坏的过程中，碳纤维布始终保持线弹性，即 $\sigma_{cf} = E_{cf}\varepsilon_{cf}$。

（6）在达到受弯承载力极限状态前，碳纤维布与混凝土之间不发生粘结剥离破坏。

（7）一般认为外贴碳纤维布较薄，认为碳纤维布中心离梁顶的距离与梁高相等。

6.2.2.2　界限破坏的相对受压区高度

为了便于计算分析，首先确定碳纤维布加固后适筋梁破坏的界限破坏时的相对受压区高度 x_{cfb}。界限破坏指的是适筋破坏 1 和适筋破坏 2 的临界状态，即碳纤维布达到其允许拉应变的同时，混凝土达到其极限压应变。

根据平截面假定，则可得到相对界限受压区高度 ξ_{cfb}（图 6-1）：

$$\xi_{cfb} = \frac{\beta_1 x_{ncfb}}{h_0} = \frac{\beta_1 \varepsilon_{cu}}{\varepsilon_{cu} + [\varepsilon_{cf}]} \times \frac{h}{h_0} \tag{6-7}$$

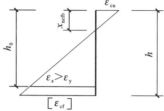

图 6-1　界限破坏时的截面应变图

界限破坏时弯矩：

$$M_b = f_y A_s (h_0 - 0.5\xi_{cfb}h) + E_{cf}[\varepsilon_{cf}]A_{cf}h(1 - 0.5\xi_{cfb}) \tag{6-8}$$

碳纤维布加固后的适筋梁破坏与普通混凝土梁一样，为了防止超筋破坏，受压区高度 x 要满足 $x < \xi_b h_0$。

于是，当相对受压区高度 $\xi_{cfb} < \xi < \xi_b$ 或 $M < M_b$ 时为适筋破坏 1；当 $\xi < \xi_{cfb}$ 或 $M > M_b$ 时，为适筋破坏 2。

式中　ξ_{cfb}——纵向受力钢筋达到其允许拉应变与混凝土压坏同时发生时的界限相对受压区高度；

　　　x_{ncfb}——碳纤维布达到其允许拉应变与混凝土压坏同时发生时的界限相对受压区高度；

　　　ξ_b——纵向受力钢筋屈服与受压区混凝土破坏同时发生时的相对界限受压区高度，其计算与普通混凝土梁一样；

　　　β_1——系数，等效的矩形应力图中矩形受压区高度与中和轴高度之比值，混凝土强度等级不超过 C50 时取 0.8。

6.2.2.3　适筋破坏 1 的计算公式

适筋破坏 1 的破坏特征是受拉钢筋先达到屈服，然后受压区混凝土达到其极限压应变而被压坏，此时碳纤维布未达到其允许拉应变 $[\varepsilon_{cf}]$，即当混凝土受压区高度 $\xi_{cfb}h \leqslant x < \xi_b h_0$ 时 [单筋矩形截面计算简图如图 6-2(a) 所示，混凝土强度等级不超过 C50]，根据力的平衡条件和几何关系得：

$$M \leqslant f_c bx \left(h_0 - \frac{x}{2}\right) + E_{cf}\varepsilon_{cf}A_{cf}(h - h_0) \qquad (6\text{-}9)$$

混凝土受压区高度 x 和受拉区面上碳纤维布的拉应变 ε_{cf} 应按下列公式确定：

$$f_c bx = f_y A_s + E_{cf}\varepsilon_{cf}A_{cf} \qquad (6\text{-}10)$$

$$x = \frac{0.8\varepsilon_{cu}}{\varepsilon_{cu} + \varepsilon_{cf}}h \qquad (6\text{-}11)$$

式中　h, h_0——梁高和截面的有效高度（即受拉钢筋合力作用点至截面受压边缘的距离）；

$\varepsilon_{cf}, \sigma_{cf}, E_{cf}$——碳纤维布的拉应变、应力、弹性模量。

6.2.2.4　适筋破坏 2 的计算公式

适筋破坏 2 的破坏特征是受拉钢筋先达到屈服，然后碳纤维布超过其允许拉应变 $[\varepsilon_{cf}]$，并达到极限拉应变而被拉断，而此时受压区混凝土尚未被压坏。因此，受压区混凝土应力不能按等效矩形应力法计算，故精确计算受弯承载力比较复杂。由于此时受压区高度较小，故可偏于安全地取混凝土压力合力作用点在 $0.1h$，即：当混凝土受压区高度 $x < \xi_{cfb}h$ 时［单筋矩形截面计算简图如图 6-2(b) 所示，混凝土强度等级不高于 C50］，根据力的平衡条件得：

$$M \leqslant f_y A_s (h_0 - 0.1h) + 0.9E_{cf}[\varepsilon_{cf}]A_{cf}h \qquad (6\text{-}12)$$

式中　$[\varepsilon_{cf}]$——碳纤维布的允许拉应变，取 $k_m\varepsilon_{cfu}$、$\dfrac{2}{3}\varepsilon_{cfu}$、0.01 中的较

小者，$k_m = 1 - \dfrac{n_{cf}E_{cf}t_{cf}}{420000}$，$k_m$ 为碳纤维布的厚度折减

系数；

ε_{cfu}——碳纤维布的极限拉应变；

h_0——截面的有效高度（即受拉钢筋合力作用点至截面受压边缘的距离）；

h——梁高；

$\varepsilon_{cf}, \sigma_{cf}, E_{cf}$——碳纤维布的拉应变、应力、弹性模量。

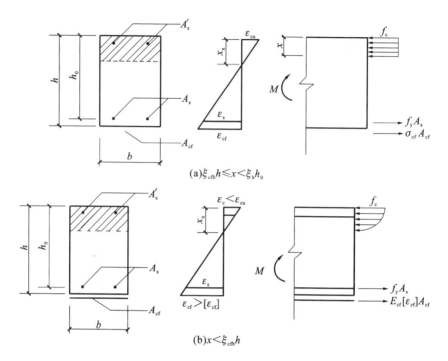

(a)$\xi_{\mathrm{cfb}}h \leqslant x < \xi_{\mathrm{b}}h_0$

(b)$x < \xi_{\mathrm{cfb}}h$

图 6-2　单筋矩形截面计算简图

6.2.2.5　结果比较

　　本节以现行的《混凝土结构设计规范》中的混凝土单筋矩形截面梁受弯正截面承载力计算理论为依据，根据试验结果，给出了碳纤维布加固钢筋混凝土单筋矩形截面梁受弯正截面承载力的计算公式，经计算与试验数据比较（表 6-1），发现公式计算值与试验结果大体吻合，且偏于安全，可以满足工程设计的要求（L-4 的试验破坏形态为混凝土压碎，计算破坏形态为 CFRP 拉断）。

表 6-1　试验数据与理论分析结果对比

梁的编号	试验数据	理论计算
	极限荷载(kN)	极限荷载(kN)
L-1	31.0	24.1
L-2	41.5	32.7

梁的编号	试验数据	理论计算
	极限荷载(kN)	极限荷载(kN)
L-3	47.5	43.2
L-4	48.7	53.7

6.3 有限元分析

本章成功地考虑了混凝土单元的压碎,与试验结果吻合良好,为简单而准确地判断极限承载力提供了一种新的途径。当采用力加载的时候,如果还要考虑混凝土的下降段的话,计算很难进行下去,如果不考虑下降段的话,极限承载力是通过某两个子步之间的变形大于某个值得出的,明显带有误差。当采用位移控制加载的时候,无论考不考虑下降段,程序的收敛性比用力的时候要好。但是有限元分析在后处理中要提取支座反力,当支座比较复杂时这不是一种简便的方法。

6.3.1 单元类型的选取

混凝土取三维实体单元 Solid65,Solid65 单元用于含钢筋或不含钢筋的三维实体模型。该实体模型可具有拉裂与压碎的性能。在混凝土的应用方面,用单元的实体性能来模拟混凝土,而用加筋性能来模拟钢筋的作用。当然该单元也可用于其他方面,如加筋复合材料(如玻璃纤维)及地质材料(如岩石)。还可对三个方向的含筋情况进行定义。

钢筋取 Link8 单元,它是一种能应用于多种工程实际的杆单元,能被应用于桁架、垂缆、杆件、弹簧等。这个三维杆单元只能承受单轴的拉压。

碳纤维布选用 Shell181 单元,它适用于薄到中等厚度的壳结构。该单元有四个节点,每个节点有六个自由度,分别为沿节点 x、y 和 z 方向的平动及绕节点 x、y 和 z 轴的转动。退化的三角形选项用于网格生成的过渡单元。Shell181 单元具有应力刚化及大变形功能。该单元有强大的非线性功能，并有截面数据定义、分析、可视化等功能，还能定义复合材料多层壳。

6.3.2　本构关系的选取

在钢筋混凝土有限元分析中，是否能准确描绘材料本构关系将对计算结果有着重要的影响。本章混凝土选择多线性随动强化模型（KINH），混凝土应力-应变关系采用《混凝土结构设计规范》（GB 50010—2010，2015 年版）建议的 Rusch 应力-应变关系，峰值应力取为立方体抗压强度，不考虑下降段。钢筋选择经典双线性随动强化模型（BKIN），钢筋应力-应变关系采用理想弹塑性应力-应变关系曲线，不考虑屈服段。CFRP 作为一种理想弹性材料处理。

6.3.3　模型的建立

钢筋和混凝土组合方式采用分离模型，不考虑钢筋和混凝土之间的滑移，通过钢筋和混凝土之间共用节点，来实现位移协调。对于混凝土单元，同时考虑开裂和压碎（如图 6-3 所示，其中八面体表示压碎单元，圆圈表示开裂），使用默认终止条件，即为某节点的位移过大。在模拟的过程中，荷载子步对混凝土的收敛、计算时间的长短和结果的精度都有影响。迭代次数对收敛的影响较大，迭代次数多对收敛是有利的，但是迭代次数很多会增加计算时间。本章建议迭代次数取为 50 比较合适，如果某个子步在 50 次以内收敛了就进行下一步，如果某个子步在 50 次以内没有收敛程序会自动对上个子步进行二分。

6.3.4　加载及边界条件

采用集中力加载，两端简支。为了防止应力集中从而导致计算结果难以收敛，分别在模型的支座和加载处这两个地方加了一个刚性垫块（采用 Solid45 单元）。为了提高计算速度，利用结构的对称性取用 1/2 模型进行分析，在对称面上施加了对称约束。

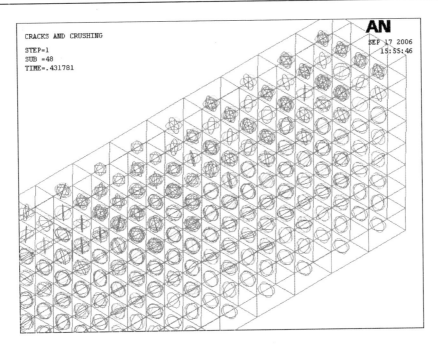

图 6-3　混凝土的开裂、压碎图

6.3.5　结果比较

6.3.5.1　试验梁结果与 ANSYS 结果比较

从表 6-2 来看，ANSYS 计算的结果与试验吻合良好，最大的相对误差也只有 9.0%。屈服荷载全部偏小，其可能原因是，当梁开裂以后未考虑相邻两条裂缝之间的混凝土与钢筋间的粘结应力，没有考虑其间混凝土的拉力。由于没有完整的试验数据，只是画出了用 ANSYS 计算的 4 根梁的荷载位移曲线（图 6-4）。

表 6-2　试验梁结果与 ANSYS 结果比较（试验未提供碳纤维布破坏时的碳纤维布应变）

构件编号	屈服荷载(kN)		相对误差(%)	极限荷载(kN)		相对误差(%)	碳纤维布应变(με)
	试验	ANSYS		试验	ANSYS		
L-1	26.5	24.2	8.6	31.0	28.2	9.0	—
L-2	32.0	29.2	8.7	41.5	43.2	4.0	11948

续表 6-2

构件编号	屈服荷载(kN)		相对误差(%)	极限荷载(kN)		相对误差(%)	碳纤维布极限拉应变(με)
	试验	ANSYS		试验	ANSYS		
L-3	34	33.2	2.3	47.5	47.2	0.63	6015
L-4	39	37.2	4.6	50.5	48.7	3.5	4285

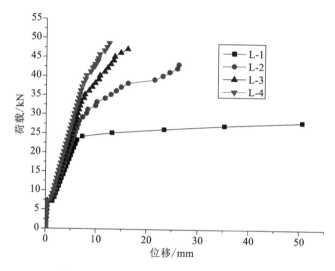

图 6-4　试验梁的荷载位移对比图(ANSYS)

6.3.5.2　CFRP 的极限拉应变折减系数

碳纤维布的极限拉应变为 $8182με$，但是从表 6-2 可以知道 L-3 和 L-4 的极限拉应变分别为 $6015με$、$4285με$，说明梁 L-3 和 L-4 的碳纤维布并没有被充分利用。所以得出：L-3 的折减系数为 0.735，L-4 的折减系数为 0.524。关于折减系数曾有不少人总结提出了七种方法并以表格的形式(表 6-3)列举了出来。对照表 6-3，可以发现贴两层时候(梁 L-3)的折减系数与方法 1、2、6、7 比较接近，贴三层时候(梁 L-4)的折减系数与方法 1、4、5 比较接近。说明本章计算的 CFRP 拉应变是合理的。

表 6-3 碳纤维布应变折减系数比较表

碳纤维布层数	计算方法						
	1	2	3	4	5	6	7
1	0.4~0.8	0.8	0.84	0.588	0.491	0.7	0.85
2	0.4~0.8	0.8	0.83	0.588	0.491	0.7	0.765
3	0.4~0.8	0.8	0.82	0.588	0.491	0.7	0.72

6.4 CFRP加固型钢混凝土结构的理论

6.4.1 正截面极限弯矩

6.4.1.1 基本假定

对于配实腹型钢的加固型钢混凝土梁承载力计算时,可以做如下基本假定:

(1)梁受力后,截面应变仍然符合平截面假定(修正平截面);

(2)破坏时,梁受压区边缘的混凝土极限压应变为 0.003;

(3)达到极限状态时,混凝土受压区的应力图形可取为矩形分布(和钢筋混凝土梁一样);

(4)达到极限状态时,不考虑混凝土受拉区参加工作;

(5)碳纤维布(表 6-4)按线弹性考虑。

表 6-4 碳纤维布的性能指标

计算厚度 (mm)	抗拉强度 (MPa)	弹性模量 (MPa)	断裂伸长率 (%)	密度 (g/cm³)
0.111	3500	2.35×105	1.4~1.5	1.76

6.4.1.2 承载力计算

加固型钢混凝土梁承载力计算时,根据中和轴位置不同,分为三

种情况：第一种情况，即中和轴在型钢腹板中通过；第二种情况，即中
和轴不通过型钢；第三种情况，即中和轴恰好在型钢上翼缘通过。第
三种情况可以作为判断其他两种情况的界限。

（1）中和轴恰好在型钢上翼缘通过

其应力图形如图 6-5 所示。

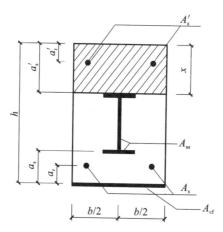

图 6-5　中和轴恰好在型钢上翼缘通过时的应力图形

根据力的平衡可得此时受压区高度

$$x = \frac{f_y A_s + f_s A_{sf} + f_s t_w h_s + f_{cf} A_{cf} - f'_y A'_s}{f_c b} \tag{6-13}$$

如果求得的 x 位于 $0.8a'_s \sim a'_s$ 之间，即按此情况考虑。此时不考
虑型钢受压翼缘的作用。对型钢上翼缘取矩，可得极限弯矩

$$M_u = f_c b x \left(a'_s - \frac{x}{2} \right) + f_y A_s (h_0 - a'_s - a'_r) + f'_y A'_s (a'_s - a'_r)$$

$$+ f_s A_{sf} h_s + f_s t_w \frac{h_s^2}{2} + f_{cf} A_{cf} (h - a'_s) \tag{6-14}$$

为了保证型钢受拉翼缘屈服，因此还必须保证

$$x \leqslant \frac{0.8(h - a_s)}{1 + \dfrac{f_s}{0.003 E_{ss}}} \tag{6-15}$$

（2）中和轴在型钢腹板中通过

如果按式（6-13）计算得到的 $x > a'_s$，属于第一种情况，即中和轴

在型钢腹板中通过,应力图形如图 6-6 所示。

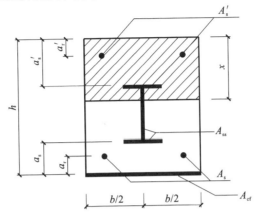

图 6-6 中和轴通过型钢腹板时的应力图形

此时,应根据力的平衡重新计算受压区高度。一般地,$f'_s = f_s$,则

$$x = \frac{f_s(A_{sf} - A'_{sf})f_y A_r + f_s t_w(h - a_s + a'_s) + f_y A_s - f'_y A'_s + f_c(A'_s + A'_{sf} - a'_s t_w) + f_{cf} A_{cf}}{f_c(b - 1.25t_w) + 2.5f_s t_w}$$

$$(6-16)$$

对中和轴取矩,可得极限弯矩

$$M_u = f_s A_{sf}(h - x - a_s) + f_s t_w \frac{(h - a_s - x)^2}{2} + f'_s A'_{sf}(x - a'_s) +$$

$$f_s t_w \frac{(x - a'_s)^2}{2} + f_y A_s(h - x - a_r) + f'_y A'_s(x - a_r) +$$

$$f_c \frac{bx^2}{2} + f_{cf} A_{cf}(h - x)$$

$$(6-17)$$

利用式(6-17)计算弯矩时,必须保证式(6-16)计算的 x 有 $x > a'_s$,否则,仍按第三种情况考虑,即按式(6-13)和式(6-14)计算。为了保证型钢受拉翼缘屈服,因此还必须满足式(6-15)。

(3)中和轴不通过型钢

如果按式(6-13)计算得到的 $x < 0.8a'_s$,属于第二种情况,即中和轴不通过型钢,此时应力图形如图 6-7 所示。

根据力的平衡可得此时受压区高度

$$x = \frac{f_y A_s + f_s A_{ss} - f'_y A'_s + f_{cf} A_{cf}}{f_c b}$$

$$(6-18)$$

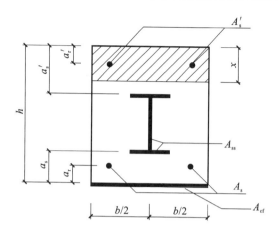

图 6-7　中和轴不通过型钢时的应力图形

如果

$$x \leqslant \frac{0.8a'_s}{1 + \dfrac{f_s}{0.003E_{ss}}} \qquad (6\text{-}19)$$

则能保证型钢全截面屈服，此时的极限承载力可按下式计算：

$$M_u = f_y A_s(h - a_r - x) + f_s A_{ss}(h - x - a_r - 0.5h_s)$$

$$+ f'_y A'_s(x - a'_r) + f_c \frac{bx^2}{2} + f_{cf} A_{cf}(h - x) \qquad (6\text{-}20)$$

若

$$\frac{0.8a'_s}{1 + \dfrac{f_s}{0.003E_{ss}}} < x \leqslant \frac{0.8(h - a_s)}{1 + \dfrac{f_s}{0.003E_{ss}}} \qquad (6\text{-}21)$$

则不考虑型钢上翼缘的作用，重新按下式计算 x 的值：

$$x = \frac{f_y A_s + f_s(A_{sf} + t_w h_s) - f'_y A'_s + f_{cf} A_{cf}}{f_c b} \qquad (6\text{-}22)$$

然后对型钢上翼缘取矩，可得极限承载力为

$$M_u = f_y A_s(h - a_r - a'_s) + f_s h_s \left(A_{sf} + \frac{t_w h_s}{2}\right)$$

$$+ f'_y A'_s(a'_s - a'_r) + f_c bx\left(a'_s - \frac{x}{2}\right) + f_{cf} A_{cf}(h - a'_s) \qquad (6\text{-}23)$$

如果按式（6-16）计算的 $x < 0.8a'_s$，而按式（6-18）计算的 x 又有

$x>0.8a'_s$，则仍可视为界限的第三种情况，即按式(6-13)和式(6-14)计算极限承载力。

式中　f_y,f'_y——受拉、受压钢筋强度设计值；

　　　　A_y,A'_y——受拉、受压钢筋总面积；

　　　　f_s,f'_s——型钢抗拉、抗压强度设计值；

　　　　A_{sf},A'_{sf}——型钢受拉、受压翼缘面积；

　　　　A_{ss}——型钢全截面面积；

　　　　E_{ss}——型钢弹性模量；

　　　　f_{cf}——碳纤维布抗拉强度设计值(取碳纤维布的抗拉强度的
　　　　　　　　折减系数为0.85,以下同)；

　　　　A_{cf}——碳纤维布截面面积；

　　　　a_s,a'_s——型钢受拉翼缘截面、受压翼缘截面至混凝土近边的
　　　　　　　　距离；

　　　　t_w,h_s——腹板厚度、腹板高度。

(4)结果比较

通过以上公式可计算出未加固型钢混凝土梁和加固型钢混凝土梁极限弯矩(表6-5)。

表6-5　未加固梁试验值与理论计算值结果比较及加固梁计算值

比较项目	试件编号	极限弯矩(kN·m)			
		试验结果(未加固)		计算结果（未加固）	计算结果（加固）
		试验值	平均值		
1	SRCB-1b	63.35	64.93	60.97	73.11
	SRCB-2b	66.50			
2	SRCB-1c	96.66	99.90	82.33	98.07
	SRCB-2c	103.14			
3	SRCB-3d	93.78	90.04	86.86	106.20
	SRCB-4d	86.30			

从上表可以看出本章给出的公式与试验比较吻合，且有一定的安全储备。

以上 3 根全部为中和轴不通过型钢的例子。实际上,在实际工程中为了充分利用型钢的受拉作用,往往会把型钢尽量配置在混凝土的受拉区,此时中和轴就很有可能不通过型钢或只是通过型钢上翼缘。所以本章重点讨论中和轴不通过型钢的情况。

6.4.2　CFRP 加固型钢混凝土梁刚度分析

考虑到计算的复杂性,本章没有直接计算极限状态下的跨中位移值。本章采用《混凝土结构设计规范》(GB 50010—2010,2015 年版)提供的正常使用阶段的刚度公式,进而通过乘以折减系数得出三个阶段(开裂、屈服、极限)下的刚度公式。

6.4.2.1　基本假定

(1)平截面假定;
(2)裂缝截面不考虑受拉混凝土的作用;
(3)在使用荷载阶段,钢筋、型钢和混凝土均在弹性范围内工作。

6.4.2.2　刚度计算

(1)平均受压区高度的计算
中和轴从型钢腹板中通过(图 6-8),应力与应变关系如下:

$$\varepsilon_{ss} = \frac{h - x_c - a_s - t/2}{x_c}\varepsilon_c \tag{6-24}$$

$$\varepsilon_s = \frac{h - x_c - a_r}{x_c}\varepsilon_c \tag{6-25}$$

$$\varepsilon'_{ss} = \frac{x_c - a'_s - t/2}{x_c}\varepsilon_c \tag{6-26}$$

$$\varepsilon'_s = \frac{x_c - a'_r}{x_c}\varepsilon_c \tag{6-27}$$

$$\varepsilon_{cf} = \frac{h - x_c}{x_c}\varepsilon_c \tag{6-28}$$

$$\sigma_{ss} = E_{ss}\varepsilon_{ss} \tag{6-29}$$

$$\sigma_s = E_s\varepsilon_s \tag{6-30}$$

$$\sigma'_{ss} = E_{ss}\varepsilon'_{ss} \tag{6-31}$$

$$\sigma'_{s} = E_{s}\varepsilon'_{s} \tag{6-32}$$

$$\sigma_{cf} = E_{cf}\varepsilon_{cf} \tag{6-33}$$

$$\sigma_{c} = E_{c}\varepsilon_{c} \tag{6-34}$$

由 $\sum N = 0$，裂缝截面有

$$D_{c} + D_{s} + D_{ss} - T_{s} - T_{ss} - D_{cf} = 0 \tag{6-35}$$

$$\frac{1}{2}bx_{c}\sigma_{c} + \sigma'_{s}A'_{s} + \sigma'_{ss}A'_{sf} + \frac{1}{2}\sigma'_{ss}t_{w}(x_{c} - a'_{s} - t) - \sigma_{ss}A_{sf}$$

$$- \frac{1}{2}\sigma_{ss}t_{w}(h - x_{c} - a_{s} - t) - \sigma_{s}A_{s} - \sigma_{cf}A_{cf} = 0 \tag{6-36}$$

将式(6-24)至式(6-34)代入式(6-36)，且取 $E_{s}/E_{ss} = E_{s}/E_{c} = E_{cf}/E_{c} = \alpha_{E}$，忽略 t 的微小影响，则有

$$\frac{1}{2}bx_{c}^{2} + \alpha_{E}x_{c}(A_{s} + A'_{s} + A_{sf} + A'_{sf} + h_{s}t_{w} + A_{cf})$$

$$- \alpha_{E}\left[a'_{r}A'_{s} + a'_{s}A'_{sf} + \frac{h_{s}t_{w}}{2}(h - a_{s} + a'_{s}) + (h - a_{r})A_{s} + (h - a_{s})A_{sf} + hA_{cf}\right]$$

$$= 0 \tag{6-37}$$

对热轧型钢均有 $A'_{sf} = A_{sf}$。对焊接 H 型钢，若有 $A'_{sf} = A_{sf}$，则上式可写为：

$$\frac{1}{2}bx_{c}^{2} + \alpha_{E}(A_{s} + A'_{s} + A_{ss} + A_{cf})x_{c}$$

$$- \alpha_{E}\left[a'_{r}A'_{s} + \frac{A_{ss}}{2}(h - a_{s} + a'_{s}) + (h - a_{r})A_{s} + hA_{cf}\right] = 0 \tag{6-38}$$

当中和轴不通过型钢时，运用同样的办法可以推出与上式相同的形式。也就是说，无论中和轴是否通过型钢，都可以用上式来计算裂缝截面的受压区高度 x_{c}。

因为梁的各个截面弯矩不同，即便在一定区段各个截面弯矩相等，由于裂缝的出现，梁的各个截面中和轴高度也是变化的，亦即沿着梁长中和轴位置并非直线。假定梁中裂缝区段中和轴位置接近三角函数的波形曲线变化，则型钢混凝土梁受弯区高度

$$x = x_{c} + 0.5(x_{max} - x_{c})\left(1 - \cos\frac{2\pi z}{l_{cr}}\right) \tag{6-39}$$

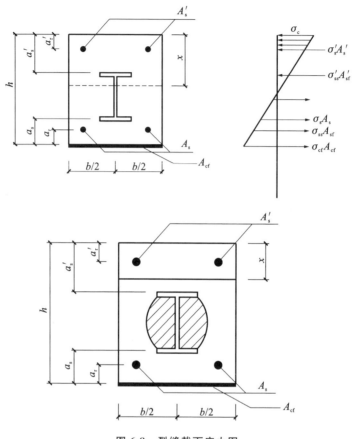

图 6-8　裂缝截面应力图

混凝土平均受压区高度

$$\bar{x} = \frac{1}{l_{cr}}\int_0^{l_{cr}} x \mathrm{d}z = 0.5(x_c + x_{max}) \qquad (6\text{-}40)$$

其中 x_{max} 为两裂缝间区段中央混凝土受压区高度。由抗裂强度验算可知，$x_{max} = 0.5h$。

（2）裂缝截面受拉钢筋和型钢下翼缘应力的计算

中和轴通过型钢腹板时，由式（6-38）求得裂缝截面受压区高度。如果求得的 $x_c \geqslant a'_s$，则由力矩平衡可得

$$M_s = \sigma_s A_s \left(h - a_r - \frac{x_c}{3} \right) + \sigma_{ss} A_{sf} \left(h - a_s - \frac{t}{2} - \frac{x_c}{3} \right)$$

$$+ \frac{1}{3}\sigma_{ss}t_w(h-a_s-t-x_c)(h-a_s-t)+\sigma_{cf}A_{cf}\left(h-\frac{x_c}{3}\right)$$

$$- \frac{1}{3}\sigma'_{ss}t_w(x_c-a'_s-t)(a'_s+t)-\sigma'_{ss}A'_{sf}\left(a'_s+\frac{t}{2}-\frac{x_c}{3}\right) \quad (6\text{-}41)$$

将下列式

$$\sigma_s = \frac{h-x_c-a_r}{h-x_c-a_s-\dfrac{t}{2}}\sigma_{ss} \quad (6\text{-}42)$$

$$\sigma'_{ss} = \frac{x_c-a'_s-\dfrac{t}{2}}{h-x_c-a_s-\dfrac{t}{2}}\sigma_{ss} \quad (6\text{-}43)$$

$$\sigma_{cf} = \frac{h-x_c}{h-x_c-a_s-\dfrac{t}{2}}\sigma_{ss} \quad (6\text{-}44)$$

代入式(6-41)可得

$$\sigma_{ss} = \frac{M_s}{\dfrac{h-x_c-a_r}{h-x_c-a_s-\dfrac{t}{2}}\left(h-a_r-\dfrac{x_c}{3}\right)A_s+\left(h-a_s-\dfrac{t}{2}-\dfrac{x_c}{3}\right)A_{sf}}$$

$$+\frac{1}{3}t_w(h-a_s-t-x_c)(h-a_s-t)+\frac{h-x_c}{h-x_c-a_s-\dfrac{t}{2}}\left(h-\dfrac{x_c}{3}\right)A_{cf}$$

$$-\frac{1}{3}t_w\frac{x_c-a'_s-\dfrac{t}{2}}{h-x_c-a_s-\dfrac{t}{2}}(x_c-a'_s-t)(a'_s+t)-\frac{x_c-a'_s-\dfrac{t}{2}}{h-x_c-a_s-\dfrac{t}{2}}\left(a'_s+\dfrac{t}{2}-\dfrac{x_c}{3}\right)A'_{sf}$$

$$(6\text{-}45)$$

$$\sigma_s = \frac{h-x_c-a_r}{h-x_c-a_s-\dfrac{t}{2}}\sigma_{ss} \quad (6\text{-}46)$$

当 $x_c < a'_s$,即中和轴不通过型钢,忽略受压钢筋影响,则有

$$M_s = \sigma_s A_s\left(h-a_r-\frac{x_c}{3}\right)+\sigma_{ss}A_{sf}\left(h-a_s-\frac{t}{2}-\frac{x_c}{3}\right)$$

$$+\frac{1}{2}(\sigma_{ss}+\sigma'_{ss})t_w(h_s-2t)\left[\frac{h_s}{3}\left(\frac{2\sigma'_{ss}+\sigma_{ss}}{\sigma'_{ss}+\sigma_{ss}}\right)+\left(a'_s+\frac{t}{2}-\frac{x_c}{3}\right)\right]$$

$$+\sigma_{cf}A_{cf}\left(h-\frac{x_c}{3}\right)+\sigma'_{ss}A'_{sf}\left(a'_s+\frac{t}{2}-\frac{x_c}{3}\right) \tag{6-47}$$

将下列式

$$\sigma_s=\frac{h-x_c-a_r}{h-x_c-a_s-\dfrac{t}{2}}\sigma_{ss} \tag{6-48}$$

$$\sigma'_{ss}=\frac{a'_s-x_c+\dfrac{t}{2}}{h-x_c-a_s-\dfrac{t}{2}}\sigma_{ss} \tag{6-49}$$

$$\sigma_{cf}=\frac{h-x_c}{h-x_c-a_s-\dfrac{t}{2}}\sigma_{ss} \tag{6-50}$$

代入式(6-47)可求得

$$\sigma_{ss}=\cfrac{M_s}{\cfrac{h-x_c-a_r}{h-x_c-a_s-\dfrac{t}{2}}\left(h-a_r-\dfrac{x_c}{3}\right)A_s+\left(h-a_s-\dfrac{t}{2}-\dfrac{x_c}{3}\right)A_{sf}}$$

$$\overline{+\dfrac{1}{2}\dfrac{h-a'_s-a_r-\dfrac{t}{2}}{h-x_c-a_s-\dfrac{t}{2}}t_w(h_s-2t)\left[\dfrac{h_s}{3}\left(\dfrac{h-2a'_s-a_r-t}{h-a'_s-a_r-\dfrac{t}{2}}\right)+\left(a'_s+\dfrac{t}{2}-\dfrac{x_c}{3}\right)\right]}$$

$$\overline{\dfrac{h-x_c}{h-x_c-a_s-\dfrac{t}{2}}\left(h-\dfrac{x_c}{3}\right)A_{cf}+\dfrac{a'_s-x_c+\dfrac{t}{2}}{h-x_c-a_s-\dfrac{t}{2}}\left(a'_s+\dfrac{t}{2}-\dfrac{x_c}{3}\right)A'_{sf}}$$

$$\tag{6-51}$$

$$\sigma_s=\frac{h-x_c-a_r}{h-x_c-a_s-\dfrac{t}{2}}\sigma_{ss} \tag{6-52}$$

（3）折算刚心区宽度的计算

由于型钢翼缘和腹板的约束，处于型钢翼缘间的混凝土的变形受到约束，因此不易开裂。试验证明，在使用荷载作用阶段，这部分混凝土基本不产生裂缝，刚度较大。我们有理由认为，在型钢高度范围内混凝土存在一个刚度比外围混凝土大的"刚心区"，其范围为一个曲线

多边形。为了便于计算,可将其简化为一个折算矩形,其折算宽度 b_c 为:

$$b_c = 1.6b_s \qquad (6\text{-}53)$$

式中,b_s 为型钢翼缘的宽度。当 $b_c > b$ 时,取 $b_c = b$,其中 b 为梁截面的宽度。

(4)型钢混凝土梁的总刚度

在这个阶段,如果仅仅将型钢混凝土梁的刚度视为钢筋混凝土部分与型钢部分两者叠加,刚度计算值比试验实测值明显偏低,这是因为没有考虑钢与混凝土的组合作用。考虑到型钢对混凝土约束的影响,为了简单起见,可将型钢混凝土梁的刚度视作三部分之和。

型钢混凝土梁在荷载短期效应作用下的刚度计算模式如前所述:

$$B_s = B_{rc} + B_{ss} + B_c(+ B_{cf}) \qquad (6\text{-}54)$$

可按图 6-9 进行叠加。

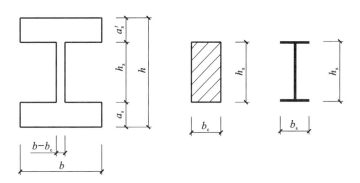

图 6-9 型钢混凝土梁分项刚度计算图

钢筋混凝土部分的刚度可根据《混凝土结构设计规范》(GB 50010—2010,2015 年版),按照图 6-9 所示的工字形钢筋混凝土截面计算,即

$$B_{rc} = \frac{E_s A_s h_0^2}{1.15\varphi + 0.2 + \dfrac{6\alpha_E \rho}{1 + 3.2\gamma_f'}} \qquad (6\text{-}55)$$

其中,$h_0 = h - a_r$,$\alpha_E = E_s/E_c$,$\rho = \dfrac{A_s}{(b - b_c)h_0}$,$\gamma_f' = \dfrac{b_c a_s'}{(b - b_c)h_0}$,$\varphi$ 为裂

缝间纵向受拉钢筋应变不均匀系数,按下列公式计算:

$$\varphi = 1.1 - \frac{0.65 f_{tk}}{\rho_{te} \sigma_s} \tag{6-56}$$

当 $\varphi < 0.4$ 时,取 $\varphi = 0.4$;当 $\varphi > 1.0$,取 $\varphi = 1.0$。直接承受重复荷载的构件,取 $\varphi = 1.0$。式中,ρ_{te} 为以有效受拉混凝土截面面积计算的纵向受拉钢筋配筋率,即 $\rho_{te} = \dfrac{A_s}{A_{te}}$。有效受拉混凝土截面面积可取为

$$A_{te} = 0.5(b - b_c)h + b_c a_s \tag{6-57}$$

$$\rho_{te} = \frac{A_s}{0.5(b - b_c)h + b_c a_s} \tag{6-58}$$

裂缝处的钢筋应力 σ_s 可按式(6-46)或式(6-52)来计算。

混凝土刚心区假定在使用阶段不开裂,即可按弹性刚度计算

$$B_c = E_c \left[\frac{1}{12} b_c h_s^3 + b_c h_s \left(\frac{h_s}{2} + a_s' - \bar{x} \right)^2 \right] \tag{6-59}$$

型钢的刚度由下式确定:

$$B_{ss} = E_{ss} \left[I_{sso} + A_{ss} \left(\frac{h_s}{2} + a_s' - \bar{x} \right)^2 \right] \tag{6-60}$$

式中,E_{ss} 为型钢弹性模量,I_{sso} 为型钢对自身重心轴的惯性矩,A_{ss} 为型钢截面面积,$\bar{x}$ 为中和轴平均高度,由式(6-40)确定。

碳纤维的刚度由下式确定:

$$B_{cf} = E_{cf} A_{cf} (h - \bar{x})^2 \tag{6-61}$$

式中,E_{cf} 为碳纤维布弹性模量,A_{cf} 为型钢截面面积,$\bar{x}$ 为中和轴平均高度,由式(6-40)确定。式(6-41)忽略了碳纤维布对自身重心轴的惯性矩。

综上,就可以求出型钢混凝土在短期荷载作用下的总刚度。

(5)型钢混凝土梁受力过程的刚度分析

上面求出的只是在正常使用阶段的刚度,即下面的第一工作阶段的刚度。本章通过对型钢混凝土梁各工作阶段和不同的有效工作截面的分析,给出了相应各阶段的刚度计算方法。

①第一工作阶段——全截面工作阶段

$P < P_{cr}$，此时整个截面处于无裂缝工作阶段，称为第一有效工作截面。其截面刚度为钢筋混凝土刚度 B_{rc} 和钢部件刚度 B_{ss} 的叠加。则整体刚度 B_s 为：

$$B_s = B_{rc} + B_{ss} + B_c (+ B_{cf}) \tag{6-62}$$

②第二工作阶段——正常工作阶段

$P_{cr} < P < P_{su}$，此时梁底部混凝土开裂，且随荷载加大而逐步退出工作。中和轴上移，形成第二有效工作截面。考虑到混凝土塑性性能的发展及在此阶段前期少量裂缝的存在，混凝土弹性模量取 $0.7E_c$。则整体刚度 B_s 为：

$$B_s = 0.7B_{rc} + B_{ss} + B_c (+ B_{cf}) \tag{6-63}$$

③第三工作阶段——极限破坏阶段

$P_{su} < P$，此时钢部件下翼缘屈服，随顶部外围混凝土塑性逐渐加大，刚度降低，且随荷载加大，顶部外围混凝土产生滑移劈裂进而脱离工作形成第三有效工作截面。其刚度为核心约束混凝土部分、部分外围混凝土与钢部件刚度的叠加。型钢混凝土梁在此阶段的受压区保护层混凝土随着荷载的增加，发生塑性截面逐步退出工作，而钢部件对核心混凝土的约束作用随着翼缘部分的屈服逐渐降低，外围混凝土刚度随着裂缝的发展而在第一阶段基础上进一步降低，因此刚度折减系数分别取为 0.5 和 0.7。

则整体刚度 B_s 为：

$$B_s = 0.5B_{rc} + B_{ss} + 0.7B_c (+ B_{cf}) \tag{6-64}$$

得到了整体刚度以后，再运用结构力学知识可以很方便地得到梁跨中的挠度。

(6)结果比较

综上所述，就可以得到加固型钢混凝土梁与未加固型钢混凝土梁的跨中挠度值比较(表 6-6)。

在表 6-6 中，计算值与试验值吻合良好。对比加固与未加固梁的挠度，可知基本上没有什么变化，可见用碳纤维布加固以后的型钢混凝土梁的刚度提高不大。

表 6-6　跨中挠度计算结果与试验结果比较

		极限弯矩对应跨中挠度（mm）			
		试验结果（未加固）		计算结果（未加固）	计算结果（加固）
		试验值	平均值		
1	SRCB-1b	27.00	22.75	21.00	24.10
	SRCB-2b	18.50			
2	SRCB-1c	25.70	25.10	18.88	21.82
	SRCB-2c	24.50			
3	SRCB-3d	19.70	21.95	25.57	29.39
	SRCB-4d	24.20			

6.5　加固型钢混凝土的有限元分析

本节通过大型通用软件 ANSYS 来对构件进行有限元分析。

6.5.1　材料模型

（1）钢材材料模型

型钢混凝土结构数值模拟中型钢、纵筋和箍筋均采用双线性随动强化模型（BKIN），单轴应力-应变关系为理想弹塑性模型。钢支座垫块采用完全弹性的材料模型。

（2）混凝土材料模型

在单调加载受力情况下，混凝土单轴受压应力-应变关系可采用比较常用的 Saenz 模型，并按照非线性弹性材料模型（MELAS）输入。因为型钢混凝土梁的模型比普通混凝土梁复杂，所以在这里选用较为简单的非线性弹性材料模型，而不是选用前面介绍的多线性随动强化模型（KINH）。混凝土破坏准则采用 ANSYS 中混凝土材料默认的 William-Warnke 五参数破坏准则。

（3）单元类型

混凝土采用 Solid65 单元，在计算中应关闭[keyopt]中的[extra displacement]选项。当 Solid65 单元同时考虑开裂和压碎的时候，需要缓慢施加荷载（子步数为 1000）。在本书划分的单元数比前面介绍的多线性随动强化模型（KINH）大很多，如果再设如此多的子步，计算是非常慢的。所以，在本节中关闭了 Solid65 单元的压碎功能（将混凝土单轴受压强度设为－1）。型钢和碳纤维布采用 Shell181 单元模拟。钢支座垫块采用 Solid45 单元模拟。纵筋和箍筋采用 Link8 单元模拟。

（4）粘结滑移数值模拟技术

型钢混凝土结构与钢筋混凝土结构的显著区别之一就是型钢与混凝土的粘结力远远小于钢筋与混凝土的粘结力。型钢与混凝土的粘结力根据国内外的试验大约只相当于光面钢筋粘结力的 45％，因此在钢筋混凝土构件中都认为钢筋与混凝土是共同工作的，直至结构破坏。而在型钢混凝土中，由于粘结滑移的存在，将影响到构件的破坏形态、计算假定、构件承载力及刚度裂缝。所以，在型钢混凝土结构有限元分析中，必须考虑型钢与混凝土的粘结滑移，这是型钢混凝土有限元分析的关键问题。

（5）粘结滑移单元类型

型钢混凝土粘结滑移连接单元采用非线性弹簧单元 Combin39。Combin39 单元具有两个节点，只需要通过定义弹簧单元的实常数 $F\text{-}D$ 曲线来定义非线性弹簧的受力性质。对于单向弹簧，弹簧长度可以为零，这为模拟型钢混凝土粘结滑移提供可能。

Combin39 单元能够分别模拟连接面上沿法向、纵切向和横切向的型钢混凝土相互作用，单元长度均为零，粘结滑移本构关系由实常数 $F\text{-}D$ 曲线描述。

法向：我们简单地认为两者共用节点，没有滑移。

横切向：对于型钢翼缘和腹板应分别考虑，并按以下方法处理：

①型钢腹板：因为有两端的翼缘的作用，假定腹板与混凝土完全粘结。

②型钢翼缘：假定横切向和纵切向的粘结作用相同，因此横切向

和纵切向 $F\text{-}D$ 曲线相同。

纵切向：相互作用表现为型钢混凝土粘结滑移性能，$F\text{-}D$ 曲线根据型钢混凝土粘结滑移本构关系确定，非线性弹簧单元的 $F\text{-}D$ 曲线的数学表达式为：

$$F = \tau(s) \times A_i \tag{6-65}$$

式中　　F——粘结力；

　　　　τ——粘结强度；

　　　　s——相对滑移值；

　　　　A_i——弹簧在连接面上所对应的面积。

（6）非线性弹簧 $F\text{-}D$ 曲线

型钢混凝土连接面的纵切向和横切向的非线性弹簧单元 Combin39 的 $F\text{-}D$ 曲线需分别考虑。另外，对于梁的受拉区和受压区，由于混凝土保护层厚度不同，非线性弹簧单元对应的 $F\text{-}D$ 曲线也分别考虑。本节采用以下步骤确定非线性弹簧单元对应的 $F\text{-}D$ 曲线。

①根据试件的锚固条件（混凝土强度、保护层厚度、锚固长度和配箍率），确定试件的等效粘结应力-滑移对应的特征强度和特征滑移值，并得到基准粘结滑移本构关系 $\tau\text{-}S_L$ 曲线。

②根据非线性弹簧单元对应的连接面积，得到非线性弹簧单元的 $F\text{-}D$ 曲线。在 ANSYS 里面输入 Combin39 单元的实常数的时候，要求 $F\text{-}D$ 曲线过原点。而实际上 $F\text{-}D$ 曲线是不过原点的，我们做了近似处理，把实际的 $F\text{-}D$ 曲线的起始点的位移坐标定为 1E-6。

由于本节 ANSYS 模型的单元划分比较规则，相对应地共有 11 条 $F\text{-}D$ 曲线，则在 ANSYS 模型中，非线性弹簧单元对应的实常数有 11 个（$R1 \sim R11$），其对应的位置及大致形状详见表 6-7 和图 6-10、图 6-11。

表 6-7　Combin39 单元 $F\text{-}D$ 曲线编号

单元位置	弹簧单元方向	模型中编号
下翼缘 （纵切向、横切向）	角点	7
	边点	8
	中点	9

单元位置	弹簧单元方向	模型中编号
上翼缘 （纵切向、横切向）	角点	10
	边点	11
	中点	12
腹板 （纵切向）	角点	13
	边点	14
	中点	15

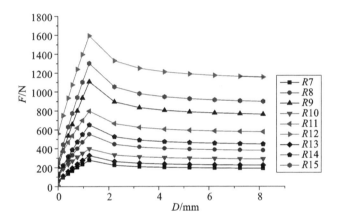

图 6-10　Combin39 单元 F-D 曲线形状示意图

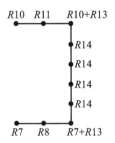

图 6-11　Combin39 单元 F-D 曲线位置示意图

6.5.2 ANSYS 分析结果

根据上面的方法，可得到型钢混凝土梁的 1/4 对称模型如图 6-12 所示。为了防止局部破坏，模型在加载点和支座处加设了钢垫块。

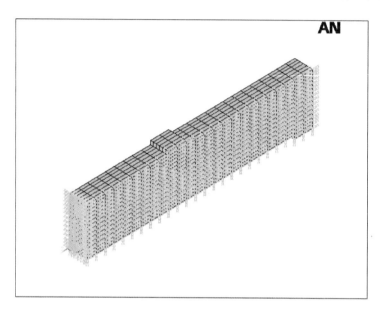

图 6-12 有限元分析模拟

6.5.2.1 型钢混凝土梁的有限元分析结果

对前面提到的 3 个型钢混凝土梁进行了 ANSYS 数值模拟分析，分析时首先按对称性对所建立的 1/4 模型施加位移约束，设定计算控制参数和计算步骤后按位移进行加载，3 个 SRC 梁模型计算均收敛良好。

根据上面建立的有限元模拟，可得到以上 3 根型钢混凝土的极限弯矩和极限弯矩对应的跨中挠度（表 6-8）。

从表 6-8 中可以看出极限弯矩和极限弯矩对应的跨中挠度与试验结果基本吻合。

表 6-8 型钢混凝土梁试验数据与有限元分析结果比较

		开裂弯矩(kN·m)		极限弯矩(kN·m)		极限弯矩对应的跨中挠度(mm)	
		试验结果平均值	ANSYS	试验结果平均值	ANSYS	试验结果平均值	ANSYS
1	SRCB-1b	10.50	12.94	64.93	64.50	22.75	21.60
	SRCB-2b						
2	SRCB-1c	20.48	16.24	99.90	87.33	25.10	19.31
	SRCB-2c						
3	SRCB-3d	15.80	18.16	90.04	92.51	21.95	23.12
	SRCB-4d						

6.5.2.2 加固型钢混凝土梁的有限元分析结果

本节将以第二组和第三组为例来进行加固型钢混凝土梁有限元分析,加固型钢混凝土梁理论结果与有限元分析结果比较见表 6-9。

表 6-9 加固型钢混凝土梁理论结果与有限元分析结果比较

		极限弯矩(kN·m)		极限弯矩对应的跨中挠度(mm)	
		理论计算	ANSYS	理论计算	ANSYS
2	SRCB-1c	98.07	97.17	21.82	26.58
	SRCB-2c				
3	SRCB-3d	106.20	106.57	29.39	32.08
	SRCB-4d				

从表 6-5 中可以看出,第二组梁极限弯矩理论值的提高幅度为 19.12%,第二组梁极限弯矩的 ANSYS 值的提高幅度为 11.27%;第三组梁极限弯矩理论值的提高幅度为 22.27%,第三组梁极限弯矩 ANSYS 值的提高幅度为 15.20%。

而在前文中,贴一层碳纤维布,极限力的提高幅度为 33.9%,可见,用碳纤维布加固钢筋混凝土梁的提高幅度比加固型钢混凝土梁要大。

6.5.2.3　加固与未加固梁的荷载位移曲线对比

为了更直观地进行结果比较，画出了第二组梁和第三组梁的极限弯矩对应跨中挠度曲线，分别见图 6-13 和图 6-14。

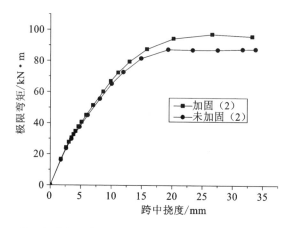

图 6-13　第二组未加固与加固梁的极限弯矩对应跨中挠度曲线对比图

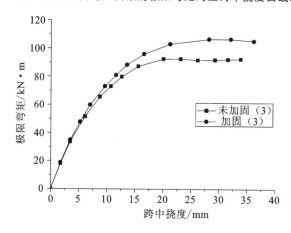

图 6-14　第三组未加固与加固梁的极限弯矩对应跨中挠度曲线对比图

6.5.2.4　钢筋和型钢应力、应变

图 6-15 为第三组加固型钢混凝土梁钢筋和型钢应力发展过程。从图中可以看出，受拉区主筋首先屈服，接着受拉区型钢翼缘屈服，然后是受压区的纵筋屈服，受压区型钢翼缘未曾屈服。试件的破坏是由

受压区混凝土破坏控制。

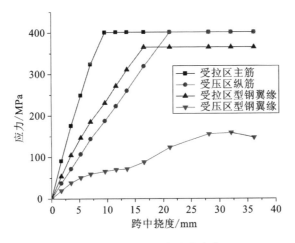

图 6-15 钢筋、型钢应力应变发展

6.5.2.5 型钢应力的分布

图 6-16 为第二组钢混凝土梁跨中截面型钢应力分布图,从图 6-16 可以看出,型钢受拉翼缘均能屈服,型钢受压翼缘没有屈服,这与试验所测得应力分析结果相同。其他试件的分析结果也均与试验结果吻合较好。

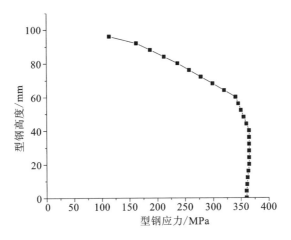

图 6-16 跨中截面型钢应力分布

图 6-17 为第二组钢混凝土梁沿长度方向型钢和钢筋的应力、应

变分布图。根据图 6-17 中跨中型钢和钢筋应力分布及发展情况，可对型钢混凝土构件性能进行全过程分析。

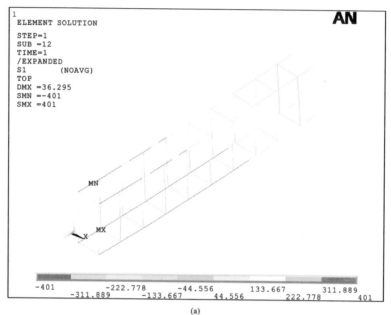

(a)

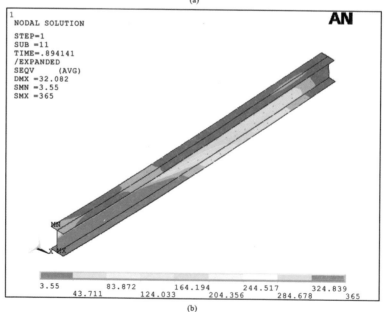

(b)

图 6-17　钢筋、箍筋和型钢应力分布图

6.5.2.6　裂缝发展过程

图 6-18 为第二组钢混凝土梁的裂缝形态发展过程图,通过对其他试件的裂缝发展过程及与试验观察到的裂缝发展过程进行对比分析可以看出,ANSYS 计算所得的裂缝分布基本上能反映试验中裂缝出现的位置、先后顺序和裂缝发展高度。

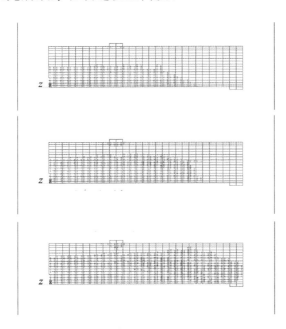

图 6-18　裂缝主要形态及其发展过程

参 考 文 献

[1]　刘威.碳纤维布加固型钢混凝土梁受弯性能的研究[D].武汉:武汉理工大学,2007.

[2]　叶列平.钢骨混凝土梁的设计方法[J].建筑结构,1997(10):33-35.

[3]　叶列平,方那华.钢骨混凝土构件正截面承载力计算[J].建筑结构,1999,16(2):29-36.

［4］　中华人民共和国住房和城乡建设部.混凝土结构设计规范：GB 50010—2010(2015 年版)［S］.北京：中国建筑工业出版社,2016.

［5］　中国建筑科学研究院.混凝土结构研究报告选集 3［M］.北京：中国建筑工业出版社,1994.

［6］　徐澄.劲性钢筋混凝土梁刚度的试验研究［D］.南京：东南大学.1989.

［7］　江宁.劲性钢筋混凝土梁裂缝的试验研究［D］.南京：东南大学,1989.

［8］　赵世春.劲性钢筋混凝土构件基本受力行为的研究［D］.成都：西南交通大学,1993.

［9］　叶列平.SRC 梁的刚度与裂缝宽度计算［J］.工程力学增刊,1995：767-771.

［10］　BRYSON J O,MATHEY R G. Surface condition effect on bond strength of steel beams in concrete［J］. ACI Structural Journal,1962, 59(3)：397-406.

［11］　HAWKINS N M. Strength of concrete encased steel beams［J］. Civil Engineering Transaction of the Institution of Australia Engineer, 1973,CE15 (1)：39-46.

［12］　ROEDER C W . Bond stress in embedded steel shapes in concrete［C］. Composite & Mixed Construction. New York：ASCE,1984(7)： 18-20.

［13］　HAMDAN M,HUNAITI Y. Factors effecting bond strength in composite columns［R］. Proceedings of the 3rd International Conference on SteeL-Concrete Composite Structures,Fukuoka,Japan,1991：213-218.

［14］　WIUM J A,LEBET J P. Simplified calculation method for force transfer in composite columns［J］. Journal of Structural Engineering,1992, 120(3)：728-745.

［15］　CHARLES W R,ROBERT C. Shear connector requirements for embedded steel sections［J］. Journal of Structural Engineering,1999, 125 (2)：142-151.

［16］　叶列平,崔卫,岳清瑞,等.碳纤维布加固混凝土构件正截面受弯承载力分析［J］.建筑结构,2001(3)：3-5.

［17］　张磊,薛勇,丁红岩.碳纤维加固钢筋混凝土梁正截面受弯非线性有限元分析[J].四川建筑科学研究,2006,32(4):58-61.

［18］　卢少微,谢怀勤.智能 CFRP 加固 RC 梁荷载效应模拟与测评[J].华中科技大学学报(自然科学版),2006,34(7):93-95.

［20］　宋庭新,王莉,熊健民.碳纤维抗弯加固钢筋混凝土梁性能研究[J].湖北工业大学学报,2006,21(3):30-32.

［21］　万军,童谷生,朱健.CFRP 布加固 RC 梁的 ANSYS 有限元分析[J].江西科技师范学院学报,2005(4):73-76.

［22］　过镇海,时旭东.钢筋混凝土原理和分析[M].北京:清华大学出版社,2003.

［23］　赵鸿铁.钢与混凝土组合结构[M].北京:科学出版社,2001.

［24］　杨勇,郭子雄,聂建国,等.型钢混凝土结构 ANSYS 数值模拟技术研究[J].工程力学,2006,23(4):79-85,57.

［25］　杨勇,赵鸿铁,薛建阳,等.型钢混凝土基准粘结滑移本构关系试验研究[J].西安建筑科技大学学报(自然科学版),2005,37(4):445-449.

［26］　刘凡,朱聘儒.钢骨混凝土梁抗弯刚度的计算方法研究[J].工业建筑,2001,31(12):37-39.

［27］　杨勇.型钢混凝土粘结滑移基本理论及应用研究[D].西安:西安建筑科技大学,2003.

［28］　赵彤,谢剑.碳纤维布补强加固混凝土结构新技术[M].天津:天津大学出版社,2001.

［29］　于天来.碳纤维布加固钢筋混凝土梁受力性能的研究[D].哈尔滨:东北林业大学,2005.

7 CFRP 与角钢组合加固的有限元分析

7.1 有限元模型建立

7.1.1 建立有限元模型

本模型较普通模型稍复杂,考虑到计算代价,不考虑钢筋与混凝土之间的粘结滑移,采用碳纤维布与角钢组合加固时,假设角钢与角钢下的碳纤维布与混凝土不会发生相对移动,钢筋几何体通过"嵌入"命令嵌入整个模型,把柱上与梁接触的面切割出来之后通过"粘结"命令与梁粘结在一起,柱与柱垫块以及梁与梁端垫块之间也通过"粘结"命令粘结,碳纤维布通过弹簧单元与混凝土表面节点连接,将梁柱与角钢连接的面切出来通过"粘结"命令与角钢黏在一起,角钢与螺杆通过"合并"命令合为一体,之后对其进行切割以便划分网格。网格划分完成以后导出 inp 文件。在导入 ABAQUS/CAE 时已形成独立网格,还需在独立网格中形成的碳纤维布单元节点与混凝土单元节点之间加入线性弹簧单元。因 ABAQUS/CAE 不支持 Sping2 非线性单元,直接在 inp 文件中定义非线性单元也非常麻烦,所以本章首先在 CAE 中对独立网格中的混凝土与碳纤维布单元的节点之间建立 Sping2 线性弹簧,然后导出 inp 文件,在 inp 文件中将线性弹簧修改成非线性弹簧。Spring2 非线性弹簧单元需要定义力与位移的关系,因此要将粘结滑移曲线中的粘结应力转化为弹簧中的力,在有限元模型中的混凝土单元节点与碳纤维布单元节点之间建立弹簧单元,通过每个单元的从属面积乘以粘结滑移曲线的应力就是所需要定义的弹簧的力。定义 Spring2 非线性弹簧时在位移为零处力不能为零,否则会出现错误提示,不能继续计算,可以定义一个非常小的力。ABAQUS 不能模拟破坏失效,所以弹簧最后的力可以定义为 0 来模拟失效。

采用有限元方法进行分析时,分析对象的离散化很重要,网格划分情况对最终结果的精度有很大影响。一般来说,网格越密计算结果就会越精确,但同时耗时较长,如果沿三个方向都以两倍的比例细化网格,自由度的数目大致增加为 8 倍,导致计算成本大约增加为 64 倍。而网格划分太粗糙,就不能给出可接受的结果。本章中混凝土与垫块尺寸为 50mm×50mm×50mm,钢筋单元长度为 25mm,碳纤维布单元长度为 50mm,由于角钢与螺栓杆尺寸不够规整,定义其边长为 10mm 后采用结构化网格划分技术划分网格。最后得到的有限元模型如图 7-1 所示。

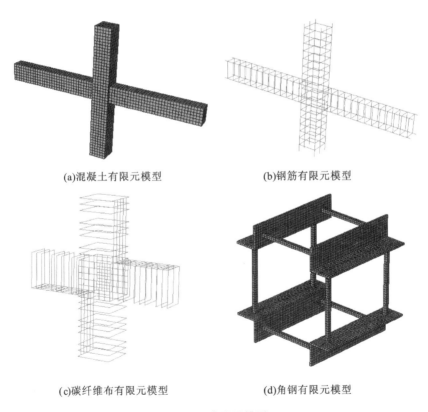

(a)混凝土有限元模型　　　　　　(b)钢筋有限元模型

(c)碳纤维布有限元模型　　　　　　(d)角钢有限元模型

图 7-1　有限元模型

7.1.2　单元选取

本章的混凝土与垫块以及角钢和螺杆均采用三维线性缩减积分单元 C3D8R，该类型单元只要网格划分合适就能在比较经济的条件下给出可接受的结果。钢筋只能承受轴向的拉力与压力，不能承担弯矩，ABAQUS 中的桁架杆单元十分适合模拟钢筋，本章选用 ABAQUS 所提供的双节点桁架单元 T3D2 来模拟钢筋。

本章所选用的碳纤维布为单向碳纤维布，只能在一个方向承受拉力，不能承受压力与弯矩，垂直受力方向弹性模量近乎为零，不能承受拉力，本章同样选择双节点桁架杆单元 T3D2 来模拟碳纤维布，在定义材料属性时选中 no compression 来模拟碳纤维布不能受压的特性。

7.1.3　边界条件与加载方式

对于框架节点一般采用低周反复加载方式，由于本章模型较为复杂，施加低周反复荷载代价较大，由于单调加载时的荷载-位移曲线与低周反复荷载下的滞回曲线的外包络线-骨架曲线相近，骨架曲线可以定性地衡量结构或结构构件的抗震性能，所以本章主要对单调位移加载的结果进行分析。

荷载步分两步施加，第一步在柱顶垫块上施加轴压力，第二步在垫块中间切割形成的线上通过水平位移加载以模拟移动的铰。在柱底部垫块切割形成的线上，在初始步中施加 x、y、z 三个方向的约束以模拟固定铰支座。在梁两边的垫块上切割形成的中线上施加 y、z 两个方向上的约束，以模拟移动铰支座。为尽量贴近试验场景，在柱顶与梁端施加位移约束方程，指定柱顶施加位移荷载处一点为参考点，与梁两端施加支座约束处建立 x 方向的位移约束方程。加约束的框架节点模型如图 7-2 所示。

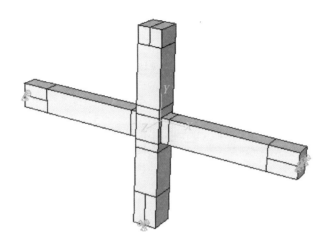

图 7-2　加约束的框架节点模型

7.1.4　参数设置

本章流动势偏移值取为缺省值 0.1;受拉最大开裂应变定义为 0.0015,该值可以满足收敛性与精度要求;粘滞系数取为 0.001,在参考他人文献的基础上经过不断试算,粘滞系数取该值时能同时满足收敛性与精度需要;双轴与单轴极限压应力之比取 1.16。

7.2　有限元计算结果分析

7.2.1　有限元计算结果与试验数据比较

为了证明本章有限元模型的正确性和验证 ABAQUS 建立的模型的参数与本构关系的可行性,在本节中采用碳纤维布与角钢组合加固的框架节点试验模型作为验证模型,同时本模型也将作为本章进行研究分析的模型。框架节点的具体尺寸与配筋如图 7-3 所示。

试验加载方式为低周反复加载,试件边界条件模拟与受力简图如图 7-4 所示,试验加载装置如图 7-5 所示。

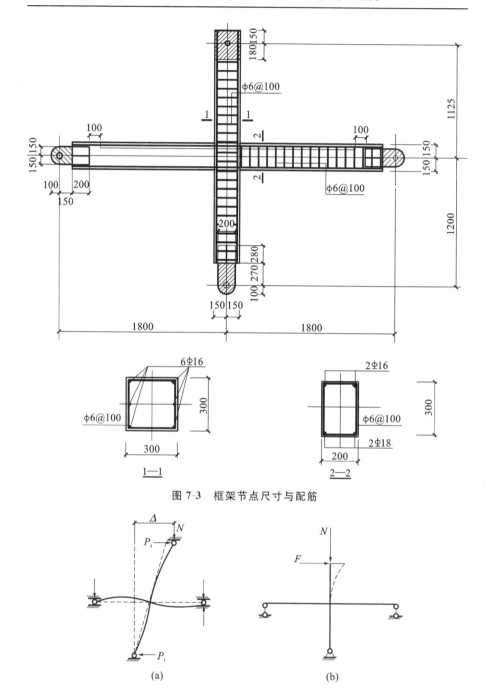

图 7-3　框架节点尺寸与配筋

图 7-4　试件边界条件模拟与受力简图

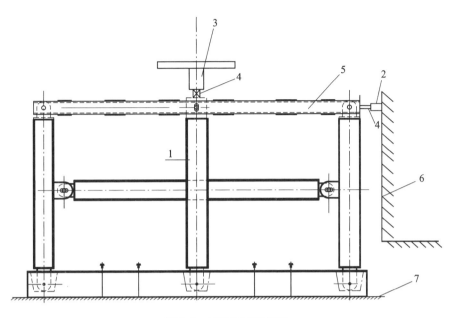

图 7-5　试验加载装置图

1—试件;2—水平荷载加载器;3—竖向荷载加载器;4—荷载传感器;

5—几何可变框式试验架;6—反力墙;7—试验台座

　　试验首先按力控制加载,当梁内主筋达到屈服以后改为位移控制加载,位移控制加载时,在每级位移下循环两次,位移增量取为一倍的屈服位移,当加载到荷载开始低于最大荷载值的 15% 或者荷载无明显变化而位移持续增加时停止试验。加载制度如图 7-6 所示。

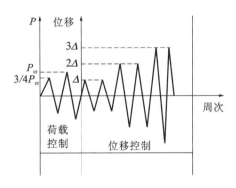

图 7-6　加载制度

本章模型较为复杂，施加低周反复荷载代价较大，由于单调加载时的荷载-位移曲线与低周反复荷载下的滞回曲线的外包络线-骨架曲线相近，骨架曲线可以定性地衡量结构或结构构件的抗震性能，所以本章主要对单调位移加载的计算结果进行分析。

根据材料的性能试验数据，本章所有纵筋屈服强度取为 360MPa，箍筋屈服强度取为 315MPa，垫块与角钢的屈服强度取为 235MPa。纵筋的弹性模量取为 2.0×10^5 MPa，箍筋弹性模量取为 2.1×10^5 MPa，垫块以及角钢与螺栓杆的弹性模量取为 2.06×10^5 MPa，钢材泊松比取为 0.3。混凝土的抗压强度取为 25MPa，泊松比取为 0.2。

碳纤维布的厚度为 0.11mm，弹性模量取为 2.7×10^5 MPa，泊松比取为 0.3，碳纤维布破坏时的抗拉强度取为 3100MPa。CFRP 加固方式为在核心区水平与竖向分别粘贴碳纤维布，梁柱 500mm 范围内粘贴正截面受拉碳纤维布，并分别在受拉碳纤维布范围内环向缠绕 100mm 宽间距 200mm 的碳纤维布。角钢的加固方式是将 L100×6 型角钢两边分别粘贴在碳纤维布上，角钢之间通过螺栓杆连接。角钢长 450mm，有限元模型中将螺栓杆按面积换算成边长为 15mm 的正方形截面构件。碳纤维布与角钢加固示意图如图 7-7 所示。

选取试验中编号为 SJ-2 的试件为比较对象，对试验骨架曲线与通过有限元模型计算得到的荷载-位移曲线进行对比，如图 7-8 与图 7-9 所示。试验结果与有限元计算结果对比见表 7-1。

表 7-1   试验结果与有限元计算结果对比

	屈服荷载（kN）	屈服位移（mm）	极限荷载（kN）	极限位移（mm）
正向试验值	128	27.49	136	82.47
反向试验值	126	27.49	122	82.74
试验平均值	127	27.49	129	82.47
模拟计算值	106.9	29.7	135.7	78.1
计算误差	-15.8%	$+8\%$	$+5.2\%$	-5.3%

基于在上一节中建立的有限元模型，在考虑粘贴的碳纤维布层数

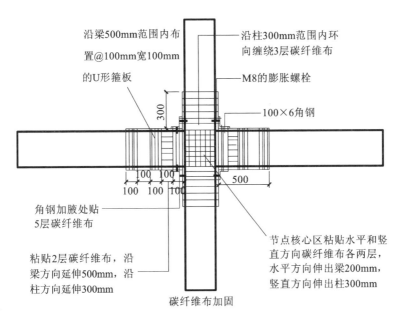

沿梁500mm范围内布置@100mm宽100mm的U形箍板

沿柱300mm范围内环向缠绕3层碳纤维布

M8的膨胀螺栓

100×6角钢

300

100 100

100 100 100

500

角钢加腋处贴5层碳纤维布

粘贴2层碳纤维布，沿梁方向延伸500mm，沿柱方向延伸300mm

节点核心区粘贴水平和竖直方向碳纤维布各两层，水平方向伸出梁200mm，竖直方向伸出柱300mm

碳纤维布加固

图 7-7 碳纤维布与角钢加固示意图

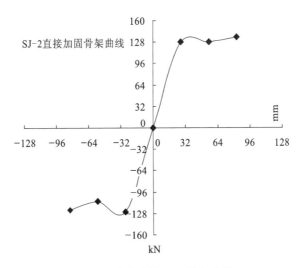

SJ-2直接加固骨架曲线

图 7-8 试验试件 SJ-2 骨架曲线

与轴压比因素的情况下，对未加固、碳纤维布加固、碳纤维布与角钢组合加固构件的有限元计算结果进行对比。构件具体设计见表 7-2。

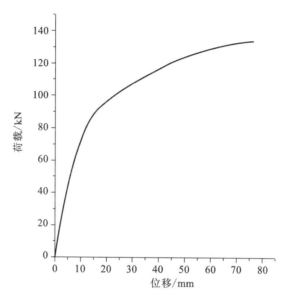

图 7-9　有限元模拟荷载-位移曲线

表 7-2　构件设计

构件编号	碳纤维布层数	角钢截面（边长×厚）（mm²）	轴压比	备注
GJ1			0.15	未加固
GJ2			0.25	未加固
GJ3	一		0.25	碳纤维布加固
GJ4	两		0.25	碳纤维布加固
GJ5	两		0.15	碳纤维布加固
GJ6	两	100×6	0.15	组合加固
GJ7	两	100×6	0.25	组合加固
GJ8	一	100×6	0.25	组合加固

7.2.2　荷载-位移曲线分析

表 7-3 列出了通过有限元模型计算的各个构件的屈服荷载、屈服

位移、极限荷载、极限位移和延性系数等指标。其中屈服荷载是通过查看纵筋是否屈服来判定的。

表 7-3　各构件有限元模型计算结果

构件编号	屈服荷载 （kN）	屈服位移 （mm）	极限荷载 （kN）	极限位移 （mm）	延性系数
GJ1	69	24.2	93.7	84.7	3.5
GJ2	76.7	24.2	97.4	74.8	3.1
GJ3	83.8	28.6	109.4	85.8	3.0
GJ4	85.4	28.6	113.3	84.7	2.96
GJ5	83.6	33	106.4	85.8	2.6
GJ6	104.9	34.1	132.1	81.4	2.39
GJ7	106.9	29.7	134.3	77	2.6
GJ8	101.7	26.4	130.5	83.6	3.24

　　GJ1～GJ8 的荷载-位移曲线如图 7-10 所示,其中图 7-10(a)是在轴压比为 0.25 时未加固、两层碳纤维布加固和两层碳纤维布与角钢组合加固 3 种情况下的荷载-位移曲线,图 7-10(b)是在轴压比为 0.25 时未加固、一层碳纤维布加固和一层碳纤维布与角钢组合加固 3 种情况下的荷载-位移曲线,图 7-10(c)是在轴压比为 0.15 时未加固、两层碳纤维布加固和两层碳纤维布与角钢组合加固 3 种情况下的荷载-位移曲线。

　　结合图 7-10(a)与表 7-3 可以看出,仅碳纤维布加固时,构件的屈服荷载和屈服位移以及极限荷载都有所提高,其中屈服荷载提高了11.3%,极限荷载提高了 20%,此时极限承载力提高幅度要比屈服荷载提高幅度大一些,说明在纵筋屈服以后,碳纤维布发挥的作用比较大;从图 7-10(a)还可以看出,碳纤维布加固后的荷载-位移曲线较未加固时平滑,后期刚度较未加固时要大,构件强度降低较未加固时要慢,说明碳纤维布加固能够提高构件的刚度;当采用碳纤维布与角钢组合加固时构件的承载力和前期刚度明显提高,此时的荷载-位移曲线明显高于仅进行碳纤维布加固时的荷载-位移曲线,屈服荷载较进

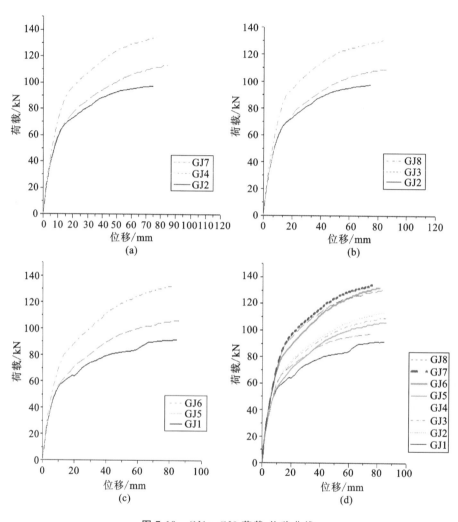

图 7-10 GJ1～GJ8 荷载-位移曲线

行碳纤维布加固时提高了 25.2%,极限荷载提高了 18.3%,但是对屈服位移的影响较小。本章对框架节点在碳纤维布与角钢组合加固后进行计算时,由于碳纤维布截断位置处非线性弹簧变形过大而发生失效,导致无法继续计算而中止,所以本章不能给出在采用组合加固时对延性的影响。

结合图 7-10(b)与表 7-3 发现,对节点进行碳纤维布加固之后,节点的屈服荷载和屈服位移以及极限荷载都有不同程度的提高,其中屈服荷载提高了9.3%,极限荷载提高了14.9%,这与前面所得到的结果一致,即极限荷载较屈服荷载提高多,说明在钢筋屈服以后碳纤维布发挥作用较大。从荷载-位移曲线上同样可以看到,随着位移增大,碳纤维布加固与未加固的荷载-位移曲线的差距越来越大;对节点进行一层碳纤维布加固后同样提高了加载后期的刚度,减缓了加载后期强度降低的速度;在对节点进行一层碳纤维布与角钢组合加固时,节点的刚度和承载力得到较大程度的提高,此时节点的屈服荷载提高了21.4%,极限荷载提高了21.1%,对屈服位移影响不大。

结合图7-10(c)与表7-3观察结果,可以看出在对节点进行碳纤维布加固以后荷载-位移曲线变得平滑许多,屈服位移与屈服荷载以及极限荷载都有提高,屈服荷载提高了21.1%,极限荷载提高了13.1%,可能是由于轴压比的减小降低了构件的屈服荷载,放大了碳纤维布在加载前期的作用,虽然如此,从荷载-位移曲线的趋势上仍能看出碳纤维布加固试件与未加固试件之间的差距是逐渐增大的。碳纤维布加固以后的加载后期刚度也有所提高,强度降低的速度变小。当采用碳纤维布与角钢组合加固时可以看到节点的刚度和承载力提高较多,屈服荷载提高了25.5%,极限荷载提高了24.2%,同样说明了组合加固的有效性。

另外从图7-10与表7-3中还可发现,轴压比对节点的抗震性能有影响,在未加固、碳纤维布加固、组合加固三种情况下,随轴压比的增大节点的屈服荷载与极限荷载都有不同程度的提高,这应该是与轴压力对柱与节点核心区的抗剪承载力有贡献以及在大偏心受压情况下柱的正截面承载力随轴压力的增大而增大有关的。由现行《混凝土结构设计规范》(GB 50010—2010,2015年版)可知,当轴压力小于$0.3f_cA$时,框架柱的抗剪承载力随轴压力增大而增大;对于节点核心区,在轴压力小于$0.5f_cA$的情况下,节点核心区的受剪承载力随轴压力增加而增加。可见在柱承受大偏心受压时,适当提高轴压比有利于提高结构的抗震性能,能够提高柱的承载力,强化"强柱弱梁"效果,使梁端更易形成塑性铰,提高结构的耗能能力。

从本章数据来看，增加碳纤维布的层数能够提高构件的屈服荷载与极限荷载，但对构件的屈服位移影响不大。

综上所述，不论是不同碳纤维布层数条件下还是不同轴压比条件下，采用碳纤维布与角钢组合加固的构件与仅采用碳纤维布加固的构件相比，在承载力和刚度方面都有所改善。对比仅碳纤维布加固时贴一层与两层碳纤维布的计算结果发现，通过增加碳纤维布层数提高承载力的程度有减小的趋势，并且之前的文献也有同样结论，所以通过增加碳纤维布层数提高构件承载力的空间是有限的，而组合加固是可行的。

7.2.3　混凝土应力应变分析

加固前后构件的混凝土应力应变的变化能够反映加固对节点受力性能的影响。下面首先对混凝土应力与应变云图进行简要分析，然后分别对梁柱端受拉区混凝土的塑性拉应变进行对比分析。

7.2.3.1　混凝土应力分析

构件 GJ1～GJ8 的混凝土应力图如图 7-11 所示。

观察未加固与采用碳纤维布加固后的混凝土应力图发现，在梁端有明显的应力集中现象，梁端混凝土的应力集中导致了混凝土刚度过早地退化，这可能会导致计算得到的荷载-位移曲线刚度退化早于实际情况。采用碳纤维布与角钢组合加固后混凝土最大应力出现在角钢之外，混凝土压应力分布较未加角钢之前均匀，应力集中现象得到改善。

采用碳纤维布加固构件的最大压应力明显比未加固和碳纤维布与角钢组合加固构件的最大压应力要大，说明纵筋不足的情况下碳纤维布有效参与了受拉，增大了截面所承担的弯矩，而角钢能够参与受压，所以角钢与碳纤维布组合加固时的受压区混凝土最大压应力变小了。

当梁端与柱端弯矩较大，梁柱受压区混凝土的压力分别抵消了梁柱截面的剪力之后会在核心区混凝土中形成斜压力场，即所谓的"斜压杆机理"。从图 7-11 中可以大致看出在节点核心区沿受压对角方向都存在"斜压杆"，GJ1 与 GJ2 已不太明显，碳纤维布加固以后的构件的"斜压杆"较未加固前明显，碳纤维布与角钢组合加固以后的构件

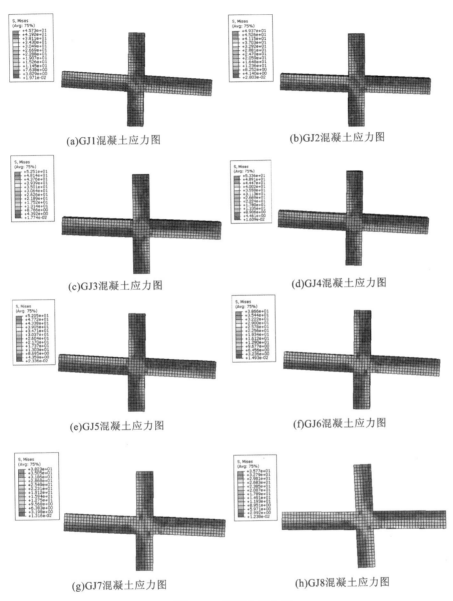

(a)GJ1混凝土应力图　　　　　　　(b)GJ2混凝土应力图

(c)GJ3混凝土应力图　　　　　　　(d)GJ4混凝土应力图

(e)GJ5混凝土应力图　　　　　　　(f)GJ6混凝土应力图

(g)GJ7混凝土应力图　　　　　　　(h)GJ8混凝土应力图

图 7-11　混凝土应力图

的"斜压杆"的面积明显增大,且更明显,说明加入角钢以后,使部分梁端与柱端混凝土与核心区混凝土一起参与核心区受剪,加强了"斜压杆机理",提高了核心区的抗剪能力。

7.2.3.2　混凝土应变分析

（1）混凝土应变云图分析

为更清楚地看到加固对核心区混凝土抗剪能力的影响，下面通过查看混凝土最小塑性应变（图 7-12），即受压塑性应变来观察加固以后的效果。

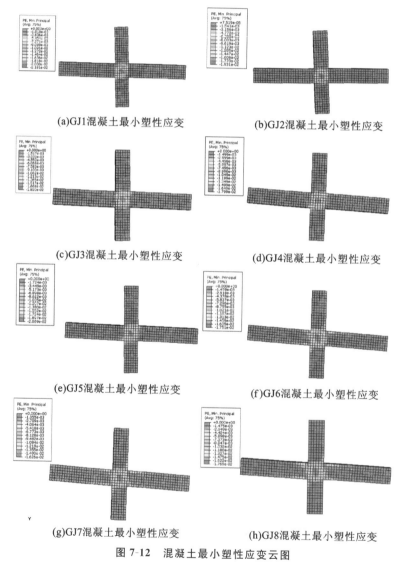

(a)GJ1混凝土最小塑性应变　　　(b)GJ2混凝土最小塑性应变

(c)GJ3混凝土最小塑性应变　　　(d)GJ4混凝土最小塑性应变

(e)GJ5混凝土最小塑性应变　　　(f)GJ6混凝土最小塑性应变

(g)GJ7混凝土最小塑性应变　　　(h)GJ8混凝土最小塑性应变

图 7-12　混凝土最小塑性应变云图

对比图 7-12 中未加固、碳纤维布加固、碳纤维布与角钢组合加固构件可以发现,碳纤维布加固以后的各构件的塑性应变的绝对值与未加固时相比都有所降低,说明碳纤维布加固提高了核心区的抗剪性能。碳纤维布与角钢组合加固以后的各构件的塑性应变的绝对值较仅进行碳纤维布加固的构件又进一步降低了,说明角钢对提高核心区混凝土的抗剪能力是有贡献的。并且从图中可以更清楚地看到"斜压杆"的形成,看到采用碳纤维布与角钢组合加固的构件的"斜压杆"面积更大。从图中还可以发现,轴压比较大的构件"斜压杆"面积更大,增加碳纤维布层数对"斜压杆"面积影响不明显。

(2)混凝土应变分布分析

由于本章混凝土本构模型选用的是损伤塑性模型,所以混凝土的受拉和受压行为都是塑性的,即不会出现裂纹,混凝土受拉达到最大拉应力之后进入塑性软化段,这时混凝土开始出现塑性拉应变,因此可以通过查看混凝土的塑性拉应变来观察混凝土的受拉状况,以进一步观察碳纤维布与角钢组合加固的效果。

①梁端混凝土应变分析

本章的模型是"强柱弱梁"型框架节点,最终破坏主要是梁端破坏,下面首先对梁端混凝土塑性拉应变进行分析。60kN 荷载级别下的 GJ1～GJ8 的右梁上端混凝土塑性拉应变分布如图 7-13 所示。梁端受拉区混凝土最大塑性拉应变见表 7-4。

表 7-4 梁端受拉区混凝土最大塑性拉应变

构件编号	梁端混凝土最大塑性拉应变
GJ1	0.001276
GJ2	0.001292
GJ3	0.001154
GJ4	0.001067
GJ5	0.001175
GJ6	0.000892
GJ7	0.000898
GJ8	0.000943

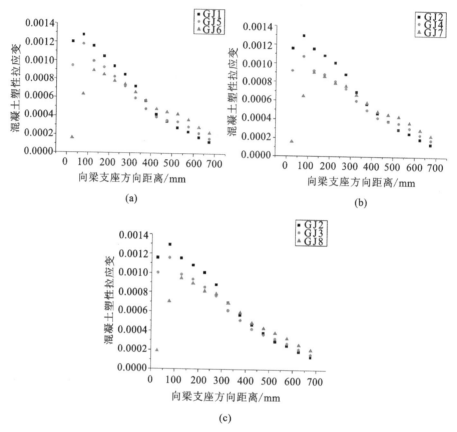

图 7-13　梁端受拉区混凝土沿梁纵向塑性拉应变分布图

(向梁支座方向距离从柱边算起)

　　从图 7-13 中可以看出,经过碳纤维布加固后的构件的梁端混凝土的塑性拉应变有所减小,轴压比为 0.15 的情况下,贴两层碳纤维布加固时梁端塑性拉应变降低了 7.9%,碳纤维布与角钢组合加固时较碳纤维布加固时降低了 24.1%,角钢的加入明显降低了塑性拉应变的最大值,尤其降低了靠近节点核心区的混凝土的塑性拉应变。从图中可以看出,在碳纤维布截断位置附近的混凝土塑性拉应变在加固以后有增大的现象,碳纤维布与角钢组合加固以后增大更多,这应该是由于碳纤维布突然截断使碳纤维布截断区域发生了应力集中所致,而且碳纤维布截断位置的粘结滑移较大,这可能是导致碳纤维布截断位置混凝土塑性拉应变上升的主要原因。观察图7-13(b)与图7-13(c),可以发现碳纤维布与角钢组合加固以后的最大塑性拉应变都在不同程度上降低了,其行为大致与图7-13(a)一致,其中GJ4的最大塑性拉应变值较GJ2降低了17.4%,GJ7较GJ4降低了15.8,GJ3较GJ2降低了10.7%,GJ8较GJ3降低了18.3%。

通过试验得到,未加固构件SJ-3与直接采用碳纤维布与角钢加固构件SJ-2的梁端混凝土应变图如图7-14所示。

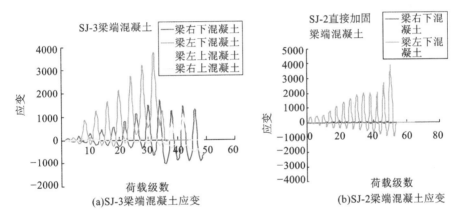

图7-14　试验梁端混凝土应变结果

对比梁左下混凝土应变曲线发现,碳纤维布与角钢组合加固后试件的混凝土应变始终小于未加固试件应变片完好时的应变,说明加固后碳纤维布承担了部分拉力,减小了混凝土变形,改善了梁端混凝土的受力性能。并且从图中可以看出,碳纤维布与角钢加固后增大了梁端混凝土的开裂荷载。这些现象都与有限元的计算结果是一致的。

②柱端混凝土应变分布分析

为进一步了解加固对柱端混凝土的影响,下面取80kN荷载级别下的柱端受拉区混凝土塑性拉应变进行对比分析(图7-15)。柱端受拉区混凝土最大塑性拉应变见表7-5。

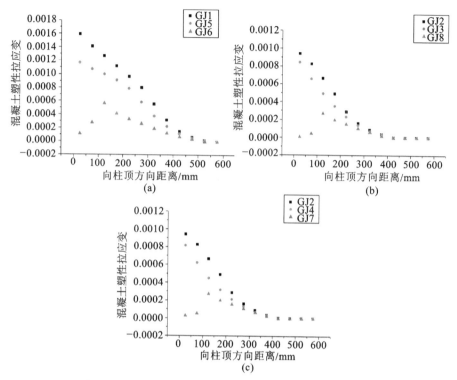

图 7-15　柱端受拉区混凝土沿柱纵向塑性拉应变分布图

（向柱顶方向距离从梁边算起）

表 7-5　柱端受拉区混凝土最大塑性拉应变

构件编号	柱端混凝土最大塑性拉应变
GJ1	0.001593
GJ2	0.000939
GJ3	0.000843
GJ4	0.000814
GJ5	0.001169
GJ6	0.000569
GJ7	0.000277
GJ8	0.000272

对最大塑性拉应变进行对比,GJ5 比 GJ1 降低了 26.6％,GJ6 比 GJ5 降低了 51.3％,GJ3 比 GJ2 降低了 10.2％,GJ8 较 GJ3 降低了

67.7％,GJ4 较 GJ2 降低了 13.3％,GJ7 较 GJ4 降低了 66％,可以发现碳纤维布加固后柱端最大塑性拉应变有一定程度的降低,采用碳纤维布与角钢组合加固后最大塑性拉应变又有很大程度的减小,并且此时柱端角钢包围范围内的混凝土塑性拉应变非常小,角钢包围范围内的拉应力在很大程度上由角钢承担了。从本章的数据来看,轴压比较小时碳纤维布的作用更明显,在相同荷载级别下,轴压比较大时受拉区混凝土的塑性拉应变更小。

7.2.4 钢筋应力分析

不同条件计算得到的钢筋应力能够正确地反映各种因素对框架节点受力性能的影响。纵筋应力值能够反映梁柱端的受力性能,核心区的箍筋应力能够反映核心区抗剪性能,下面先后对构件的纵筋与箍筋数据进行分析。

7.2.4.1 纵筋应力分析

(1)纵筋应力图分析

GJ1～GJ8 的梁柱纵筋应力图如图 7-16 所示。

对比图 7-16(b)、图 7-16(d)发现,采用两层碳纤维布加固的试件 GJ4 在计算中第二荷载步时间为 0.96s 时的最大钢筋应力与未加固试件 GJ2 在第二荷载步时间为 0.70s 时的最大钢筋应力相差不大,并且 GJ4 中框架梁受压区钢筋参加工作的范围更大,说明碳纤维布加固后碳纤维布有效承担了部分拉力,提高了受压区钢筋的利用率。对比图 7-16(d)、图 7-16(g)发现,采用碳纤维布与角钢组合加固的试件 GJ7 的钢筋的最大拉应力得到降低,而且在梁端受压区有更大范围受压钢筋参与工作,提高了受压区钢筋的利用率,说明碳纤维布与角钢组合加固起到了作用。对比图 7-16(b)、图 7-16(c)发现,采用一层碳纤维布加固的试件 GJ3 在第二荷载步时间为 0.91s 时的最大钢筋应力比未加固试件 GJ2 在第二荷载步时间为 0.70s 时的最大钢筋应力稍小,说明碳纤维布有效发挥了抗拉能力,并扩大了受压区钢筋参与受压的范围,这与前面的结果是一致的。对比图 7-16(c)、图 7-16(h)

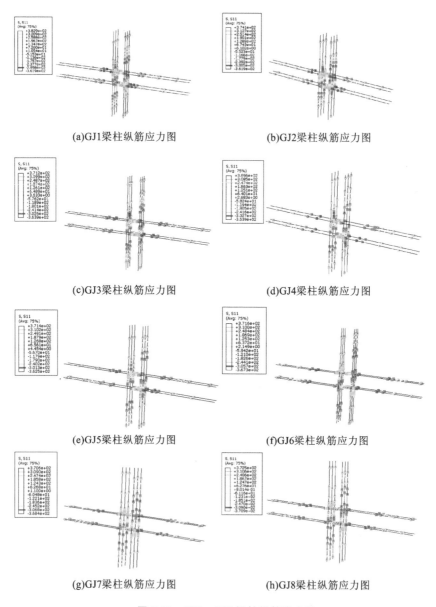

(a)GJ1梁柱纵筋应力图   (b)GJ2梁柱纵筋应力图

(c)GJ3梁柱纵筋应力图   (d)GJ4梁柱纵筋应力图

(e)GJ5梁柱纵筋应力图   (f)GJ6梁柱纵筋应力图

(g)GJ7梁柱纵筋应力图   (h)GJ8梁柱纵筋应力图

图 7-16　GJ1～GJ8 梁柱纵筋应力图

可以看到,采用碳纤维布与角钢组合加固的试件 GJ8 的梁端与柱端纵筋最大拉应力与最大压应力的位置都开始偏离节点核心区,出现在角钢之外的范围,并且从图 7-16(h)中可以看到,梁端受压区钢筋参与受压的范围大大增加,提高了受压区钢筋的利用率,从而提高了构件承载能力。图 7-16(a)、图 7-16(e)与图 7-16(f)分别为在轴压比为 0.15时未加固、碳纤维布加固、碳纤维布与角钢组合加固时的梁柱纵筋应力图,通过比较可以得到与前面相一致的结果。

(2)纵筋应力分布分析

①梁端受拉钢筋应力分布分析

为了进一步了解加固以后的效果,下面对梁端受拉纵向钢筋在60kN 荷载级别下沿梁纵向的拉应力分布情况进行对比,分析不同加固方式对梁纵筋的影响,GJ1～GJ8 的梁端纵向钢筋拉应力的具体分布情况如图 7-17 所示。梁端受拉区钢筋最大拉应力见表7-6。

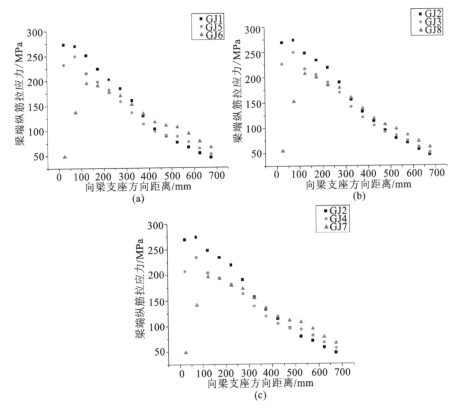

图 7-17   梁端受拉纵筋沿纵向应力分布图

(向梁支座方向距离从柱边算起)

表 7-6　梁端受拉区钢筋最大拉应力

构件编号	梁端钢筋最大拉应力（MPa）
GJ1	273.008
GJ2	273.584
GJ3	249.362
GJ4	234.412
GJ5	249.449
GJ6	194.871
GJ7	196.296
GJ8	207.523

　　从图中可以看出加固以后的钢筋最大拉应力明显减小，尤其是碳纤维布与角钢组合加固后降低更多，并且此时梁端钢筋最大拉应力出现在角钢加固范围之外，说明角钢承受了较大的拉力。GJ5 钢筋最大拉应力较 GJ1 降低了 8.8%，GJ6 较 GJ5 降低了 21.7%，GJ3 较 GJ2 降低了 8.8%，GJ8 较 GJ3 降低了 16.8%，GJ4 较 GJ2 降低了 14.3%，GJ7 较 GJ4 降低了 16.4%。从以上数据可以明显看到采用碳纤维布与角钢组合加固以后梁端钢筋最大拉应力比仅采用碳纤维布加固时降低更多。观察梁端受拉纵筋沿纵向应力分布图可以发现与梁端混凝土塑性受拉应变分布图相似的现象，即在加固以后碳纤维布截断位置处的钢筋应力有所增加，这应该同样是由于碳纤维布截断发生了应力集中继而在此处出现比较大的粘结滑移，从而导致了此种现象的出现。

　　对比轴压比不同而其他条件相同的构件的梁端钢筋最大拉应力可以发现，在此荷载级别下，未加固和碳纤维布与角钢组合加固时轴压比几乎没有影响，仅碳纤维布加固时，轴压比较大的构件的梁端钢筋最大拉应力较小。

　　碳纤维布加固和碳纤维布与角钢组合加固时，粘贴两层碳纤维布构件比粘贴一层碳纤维布的梁端钢筋最大拉应力要小。

　　通过试验得到，未加固构件 SJ-3 与直接采用碳纤维布与角钢组合加固构件 SJ-2 的梁端构件应变图如图 7-18 所示。

　　对比加固前后梁纵筋应变，可以发现在 SJ-3 应变片完好时，其应

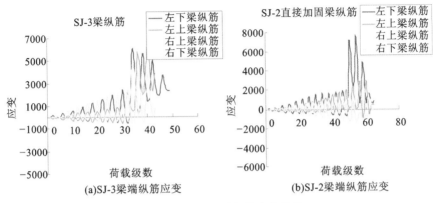

图 7-18　试验梁端钢筋应变结果

变值始终比加固后要大,说明粘贴在梁端的碳纤维布有效承担了部分拉力,提高了构件的承载能力,改善了梁端受力性能。试验数据显示的现象与有限元计算结果一致。

②柱端受拉钢筋应力分布分析

为更清楚地观察加固对框架柱受拉纵筋的影响,取 80kN 时的上柱右下端的受拉钢筋应力进行比较分析,钢筋应力分布图如图 7-19 所示。柱端受拉区钢筋最大拉应力见表 7-7。

表 7-7　柱端受拉区钢筋最大拉应力

构件编号	柱端钢筋最大拉应力(MPa)
GJ1	347.301
GJ2	206.932
GJ3	179.894
GJ4	173.135
GJ5	255.004
GJ6	116.381
GJ7	74.4582
GJ8	73.5362

观察柱端纵筋应力分布图可以看到,各碳纤维布加固构件的柱端最大钢筋应力较未加固前有所降低,采用碳纤维布与角钢组合加固的构件钢筋最大拉应力大幅降低,并且钢筋最大拉应力出现在角钢加固

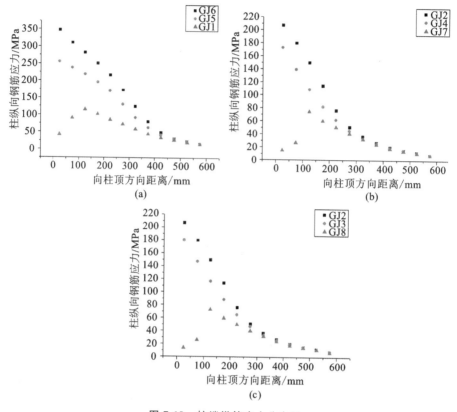

图 7-19　柱端纵筋应力分布图

(向柱顶方向距离从梁边算起)

部位以外。GJ5 较 GJ1 的钢筋最大拉应力降低了 26.6%,GJ6 较 GJ5 降低了 54.4%,GJ3 较 GJ2 降低了 13%,GJ8 较 GJ3 降低了 59.1%,GJ4 较 GJ2 降低了 16.3%,GJ7 较 GJ4 降低了 57%,从这些数据可以看出采用碳纤维布与角钢组合加固的效果非常明显。

　另外在远离核心区靠近柱顶的碳纤维布截断位置附近没有出现加固后应力增加的现象,加固后的应力几乎与加固前相同,说明柱端碳纤维布粘结滑移现象不明显。

7.2.4.2　箍筋应力分析

(1)箍筋应力图分析(图 7-20)

图 7-20 显示各种情况下核心区箍筋均已屈服,z 方向上的核心区

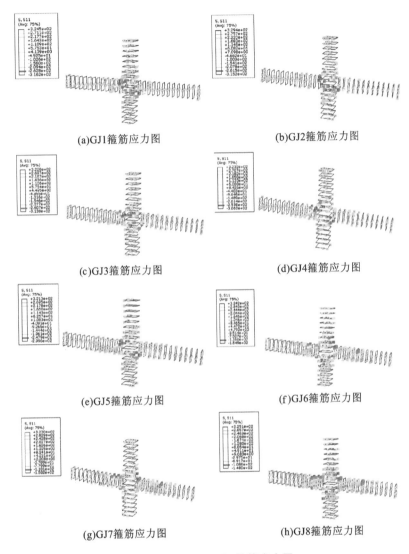

(a)GJ1箍筋应力图　　　　　　　　(b)GJ2箍筋应力图

(c)GJ3箍筋应力图　　　　　　　　(d)GJ4箍筋应力图

(e)GJ5箍筋应力图　　　　　　　　(f)GJ6箍筋应力图

(g)GJ7箍筋应力图　　　　　　　　(h)GJ8箍筋应力图

图 7-20　GJ1~GJ8 箍筋应力图

箍筋也已屈服,说明箍筋充分发挥了对核心区混凝土的约束作用。对比图 7-20(b)、图 7-20(d)发现,采用碳纤维布加固的试件 GJ4 在计算中第二荷载步时间为 0.77s 时的最大箍筋应力与未加固试件 GJ2 在第二荷载步时间为 0.70s 时的最大箍筋应力相比,位移与荷载都更大的 GJ4 的最大箍筋应力仍然较小,说明核心区碳纤维布承担了部分剪力。从图中还可以发现，图中未加固与碳纤维布加固试件的梁端箍筋最大应力出现的位置靠近核心区，采用碳纤维布与角钢组合加固后，梁端箍筋最大应力出现的位置开始偏离核心区。观察采用碳纤维布与角钢组合加固的构件的核心区的箍筋应力图发现，在混凝土形成"斜压杆"位置的箍筋应力明显比周围箍筋应力小，再次说明了角钢的加入改善了核心区混凝土的抗剪性能。

（2）核心区箍筋应变分布分析

为进一步分析加固对核心区抗剪性能的改善情况，下面取荷载为 80kN 时所对应的核心区箍筋应力来进行分析，核心区钢筋的应力分布情况可以直接显示出加固对节点核心部位抗剪性能的影响。所有模型中的核心区水平箍筋共有 3 个，下面对上、中、下三个部位前侧的箍筋的应力分布进行分析，如图 7-21～图 7-23。

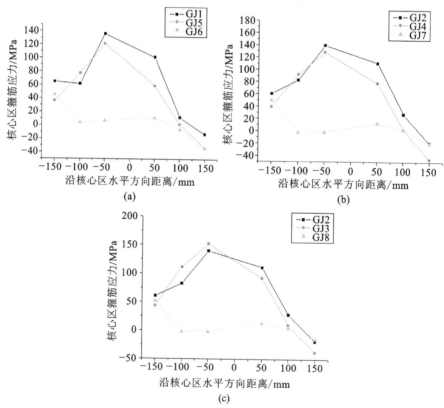

图 7-21　核心区上部箍筋应力分布图

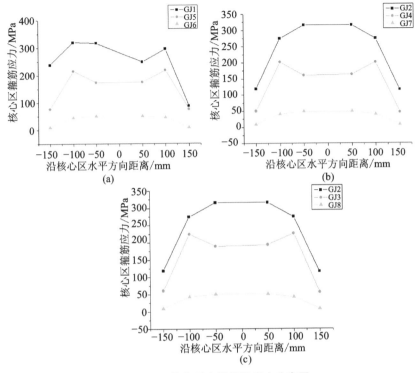

图 7-22　核心区中部箍筋应力分布图

从上面的图中可以看出,采用碳纤维布加固以后核心区箍筋的应力在一定程度上降低了,说明碳纤维布加固起到了增强核心区抗剪性能的作用,降低了由箍筋所承受的剪力。这在一定程度上归功于直接粘贴在核心区上的碳纤维布,这一部分直接参与抗剪;粘贴在梁柱上参与梁柱抗弯的碳纤维布也在一定程度上降低了传入节点的剪力,从而导致核心区箍筋应力的下降。从图中应力分布可以看出,碳纤维布对沿核心区水平方向中间部位的抗剪贡献比较大,对核心区边缘位置的贡献略小。当采用碳纤维布与角钢组合加固以后核心区箍筋的应力普遍下降,且下降程度非常明显,大大增强了核心区的抗剪性能。角钢一方面可以限制核心区混凝土的变形,提高混凝土的抗剪性能,另一方面通过承受拉力与压力大大降低了传入节点的剪力。

表 7-8 详细列举了个构件核心区箍筋的最大拉应力,GJ5 较 GJ1 减小了 31.7%,GJ6 较 GJ5 又降低了 76.9%;GJ4 较 GJ2 减小了 35.96%,

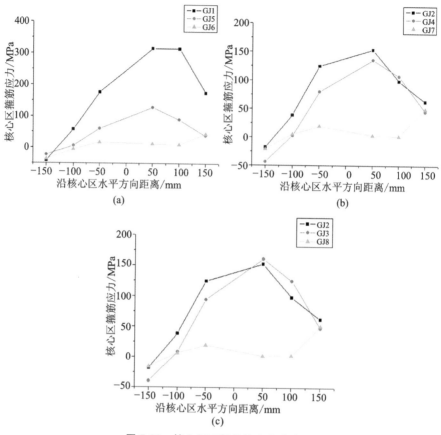

图 7-23　核心区下部箍筋应力分布图

表 7-8　核心区箍筋最大拉应力

构件编号	核心区箍筋最大拉应力（MPa）
GJ1	319.4
GJ2	315.6
GJ3	225.7
GJ4	202.1
GJ5	218.1
GJ6	50.3
GJ7	48.1
GJ8	49.6

GJ7较GJ4降低了76.2%；GJ3较GJ2降低了28.5%，GJ8较GJ3减小了78.02%。从这些数据来看，采用碳纤维布与角钢组合加固比仅采用碳纤维布加固时对抗剪性能的改善情况要好得多，说明碳纤维布与角钢组合加固方法切实有效。此外，表7-8中的数据还显示，轴压比较大的情况下，核心区箍筋的最大拉应力要小，说明轴压比对核心区的抗剪性能有影响，在本章研究的轴压比范围内，轴压比越大，核心区的抗剪性能越好。增加碳纤维布的层数也能进一步提高核心区的抗剪性能。

7.2.5　碳纤维布应力分析

碳纤维布的应力大小直接反映其所发挥力学性能的水平，下面对碳纤维布应力进行分析。GJ3~GJ8的碳纤维布应力图如图7-24所示。

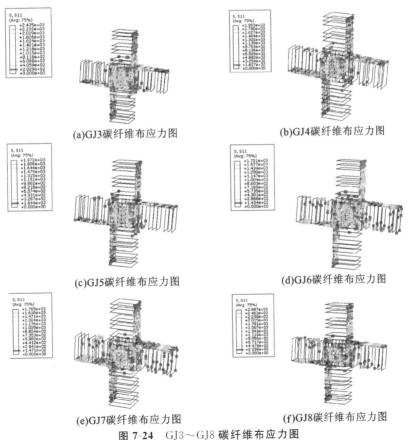

(a)GJ3碳纤维布应力图

(b)GJ4碳纤维布应力图

(c)GJ5碳纤维布应力图

(d)GJ6碳纤维布应力图

(e)GJ7碳纤维布应力图

(f)GJ8碳纤维布应力图

图7-24　GJ3~GJ8碳纤维布应力图

从图 7-24 中可以看出，所有情况下的碳纤维布均没有达到极限拉应力，没有得到充分利用，梁端碳纤维布的应力较柱端与核心区碳纤维布的应力大，粘贴一层碳纤维布时的碳纤维布应力比粘贴两层时大。核心区碳纤维布的应力也比较大，对核心区抗剪做出了贡献，部分梁端环形碳纤维布也出现比较大的应力，参与了抗剪。在碳纤维布加固的基础上加入角钢以后碳纤维布的最大应力出现的位置发生变化。

7.2.6　滞回曲线分析

循环荷载下的滞回曲线能够定性地衡量构件的承载力、耗能能力和刚度等抗震性能指标。其受力行为涉及裂缝的开裂与闭合以及钢筋与混凝土之间的粘结滑移。本章所选择的 ABAQUS 混凝土损伤塑性模型能够模拟循环加载下混凝土的力学行为，但是由于不能模拟开裂行为，且无法实现压碎，更无法实现压碎后的混凝土无法再承受拉力的模拟，所以采用该模型得到的滞回曲线与实际情况有所差别。

钢筋混凝土框架节点在循环加载条件下会由于钢筋与混凝土的粘结滑移而使滞回曲线出现"捏缩"现象，这一现象在有限元模拟中很难实现。钢筋与混凝土都选用实体单元，在钢筋与混凝土的接触面上使用接触单元来模拟它们之间的界面效应，并且接触单元必须能够破坏失效，但这种方法对计算机要求非常高。也可以用杆单元模拟钢筋，混凝土选用实体单元，在钢筋与混凝土单元之间建立非线性弹簧单元，但由于弹簧单元不能破坏失效，所以效果并不好，不能够精确模拟粘结滑移。本章使用杆单元模拟钢筋，在钢筋与混凝土之间建立线性弹簧单元近似模拟它们之间的粘结滑移。

本章模型模拟所得到的滞回曲线如图 7-25 所示。

从图 7-25 中可以看出，在一开始的几个加载周期的荷载-位移曲线似呈线性，面积很小，说明耗能能力很弱，随着进入塑性阶段，梁端塑性铰形成，滞回环开始变饱满，构件进入耗能阶段。从耗能能力上来说，本章的计算结果显示，未加固构件滞回曲线较狭长，耗能能力较差，碳纤维布与角钢组合加固后耗能能力得到改善。

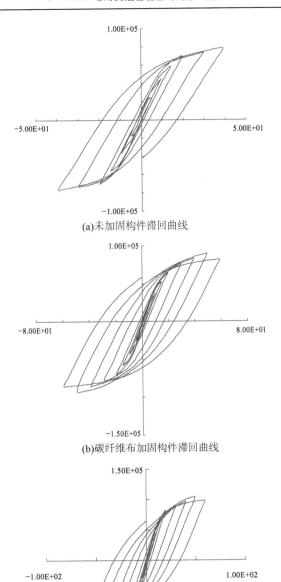

(a)未加固构件滞回曲线

(b)碳纤维布加固构件滞回曲线

(c)碳纤维布与角钢组合加固构件的滞回曲线

图 7-25 滞回曲线

7.3　框架节点加固受力分析

　　加固后框架节点的受力性能会发生变化,本节将根据之前介绍的节点的受力特点推导关于梁柱端受拉区纵向碳纤维布和角钢对节点核心区抗剪的贡献的公式,从受力行为上说明碳纤维布与角钢对节点核心区抗剪性能的影响。

7.3.1　碳纤维布加固受力分析

7.3.1.1　碳纤维布加固框架节点受剪承载力分析

　　由于本章研究对象为平面框架节点,所以在节点核心区也粘贴了碳纤维布,因此碳纤维布对框架节点核心区的抗剪性能的贡献来自两方面,一是直接粘贴于核心区的碳纤维布,此时碳纤维布同核心区箍筋抗剪是相同的工作原理,二是通过对梁柱端的正截面加固减小了梁柱端传入核心区的剪力值。

　　(1)碳纤维布加固后节点核心区的水平剪力公式推导

　　未加固时节点核心区的受力分析如图 7-26 所示。

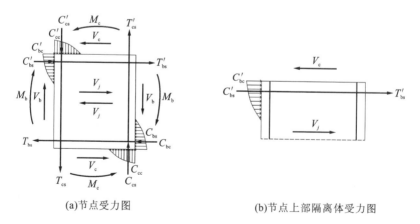

(a)节点受力图　　　　　　　(b)节点上部隔离体受力图

图 7-26　未加固框架节点受力分析

图 7-26 中 C_{bs}、C'_{bs}、C_{cs}、C'_{cs}、C_{cc}、C'_{cc}、C_{bc}、C'_{bc} 分别为梁柱端受压区钢筋与混凝土传入节点的压力，V_b、V_c 为梁柱端传入节点的剪力，M_b、M_c 为梁柱端传入节点的弯矩，V_j 为节点水平剪力，T_{bs}、T'_{bs}、T_{cs}、T'_{cs} 分别为梁柱受拉区钢筋传入节点的拉力。

根据图 7-26(b) 可以列出力的平衡方程

$$V_j = T'_{bs} + C'_{bs} + C'_{bc} - V_c \tag{7-1}$$

假设梁端受压区受压合力点位于受压钢筋位置处，则根据梁端受力平衡可得

$$T_{bs} = C'_{bs} + C'_{bc} \tag{7-2}$$

$$M_{bmax} = M_b = T_{bs}(h_0 - a'_s) \tag{7-3}$$

或

$$M_{bmax} = M_b = (C'_{bs} + C'_{bc})(h_0 - a'_s) \tag{7-4}$$

式(7-1)可表示为

$$V_j = \frac{2M_b}{h_0 - a'_s} - V_c \tag{7-5}$$

框架节点弯矩图如图 7-27 所示。

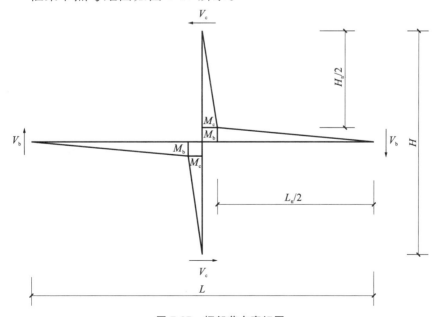

图 7-27　框架节点弯矩图

根据框架节点的弯矩图(图 7-27)，式(7-5)可表示为

$$V_j = \frac{2M_{\rm b}}{h_0 - a_{\rm s}'}\left(1 - \frac{h_0 - a_{\rm s}'}{H_{\rm n}}\right) \tag{7-6}$$

或

$$V_j = \frac{V_{\rm b}L_{\rm n}}{h_0 - a_{\rm s}'}\left(1 - \frac{h_0 - a_{\rm s}'}{H_{\rm n}}\right) \tag{7-7}$$

式中，$H_{\rm n} = H - h_j$，$L_{\rm n} = L - b_j$，H 为柱高，h_j 为核心区高度，L 为梁长，b_j 为核心区宽度。

当在梁柱端粘贴碳纤维布加固时，碳纤维布将分担部分拉力，因此会降低受拉钢筋传入节点的拉力，本章认为碳纤维布所承受的拉力并未传入节点核心区，而是由对应梁柱端锚固处横向碳纤维布所承担，在弯矩中表现为降低了传入节点核心区的弯矩。碳纤维布对梁端的作用如图 7-28 所示。此时梁端的弯矩包括钢筋与混凝土产生的传入节点的弯矩 $M_{\rm b}$ 和碳纤维布与混凝土承担的弯矩 $M_{\rm bcf}$ 两部分组成，碳纤维布加固后节点弯矩图如图 7-29 所示。

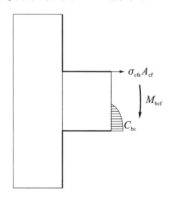

图 7-28　碳纤维布对梁端的作用

当承受同级荷载时，未加固与碳纤维布加固后所产生的梁端最大弯矩相同，碳纤维布加固后式(7-3)可表示为式(7-8)，式(7-7)可表示为式(7-9)，式(7-4)不变。

$$M_{\rm bmax} = M_{\rm b} + M_{\rm bcf} = T_{\rm bs}(h_0 - a_{\rm s}') + \sigma_{\rm cfs}A_{\rm cf}(h_0 - a_{\rm s}') \tag{7-8}$$

$$V_j = \left(\frac{V_{\rm b}L_{\rm n}}{h_0 - a_{\rm s}'} - \sigma_{\rm cfs}A_{\rm cf}\right)\left(1 - \frac{h_0 - a_{\rm s}'}{H_{\rm n}}\right) \tag{7-9}$$

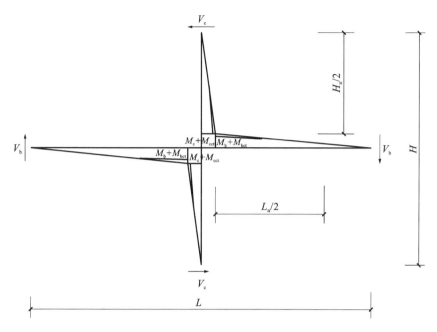

图 7-29 碳纤维布加固后节点弯矩图

从式(7-8)可以看出在承受同级荷载下,加固以后传入节点的弯矩将变小,具体表现为分担了受拉钢筋的拉力,减小了受拉钢筋传入节点的拉力,由式(7-9)可以更直观地看出碳纤维布减小了节点核心区所承受的剪力。但由于碳纤维布不能受压,不能分担受压区混凝土与钢筋的压力,所以式(7-4)不变。

（2）节点核心区受剪承载力

未加固时节点核心区受剪承载力可根据(1)中的公式进行计算,见式(7-10)。

$$V_\mathrm{u} = 1.1\eta_j f_\mathrm{t} b_j h_j + 0.05\eta_j N \frac{b_j}{b_\mathrm{c}} + f_\mathrm{yv} A_\mathrm{svj} \frac{h_\mathrm{b0} - a'_\mathrm{s}}{s} \quad (7\text{-}10)$$

式中 η_j —— 正交梁对节点的约束影响系数;

       b_j —— 框架节点核心区的截面有效验算宽度;

       h_j —— 框架节点核心区的截面高度;

       f_t —— 混凝土轴心抗拉强度设计值;

       b_c —— 框架节点核心区混凝土梁的截面宽度;

s—— 沿构件轴线方向上横向钢筋的间距；

f_{yv}—— 横向钢筋抗拉强度设计值；

a'_s—— 受压区纵向钢筋合力点至截面受压边缘的距离；

N—— 对应于考虑地震组合剪力设计值的节点上柱底部轴向力的设计值；

h_{b0}—— 框架梁截面有效高度；

A_{svj}—— 核心区有效验算宽度范围内同一截面验算方向箍筋各肢的全部截面面积。

在核心区粘贴碳纤维布后，核心区碳纤维布将直接参与抗剪，加固以后核心区受剪承载力可根据式(7-11)进行计算。

$$V_u = 1.1\eta_j f_t b_j h_j + 0.05\eta_j N \frac{b_j}{b_c} + f_{yv} A_{svj} \frac{h_{b0} - a'_s}{s} + \psi_f A_{cf} f_{cf}$$

$$(7-11)$$

式中 ψ_f—— 碳纤维布强度发挥系数；

A_{cf}—— 核心区所有水平碳纤维布截面面积；

f_{cf}—— 碳纤维布极限抗拉强度。

7.3.1.2 碳纤维布加固框架节点受弯承载力分析

碳纤维布对梁柱端加固后的受弯承载力见式(7-12)。

$$M_u = \alpha_1 f_{c0} bx \left(h - \frac{x}{2}\right) + f'_{y0} A'_{s0}(h - a') - f_{y0} A_{s0}(h - h_0)$$

$$(7-12)$$

$$\alpha_1 f_{c0} bx = f_{y0} A_{s0} + \psi_f f_f A_{fe} - f'_{y0} A'_{s0} \qquad (7-13)$$

$$\psi_f = \frac{(0.8\varepsilon_{cu} h/x) - \varepsilon_{cu} - \varepsilon_{f0}}{\varepsilon_f} \qquad (7-14)$$

$$x \geqslant 2a' \qquad (7-15)$$

7.3.2 角钢加固受力分析

7.3.2.1 角钢加固后节点核心区的水平剪力公式推导

角钢加固与碳纤维布加固所不同的是角钢可以同时承受拉力与

压力,四片角钢可以独自承担弯矩,角钢对梁端的作用如图 7-30 所示。除了承受压力,在弹性模量相差不大的情况下角钢更厚,截面面积更大,更能有效地同时降低传入节点核心区的拉力与压力。本小节仅讨论角钢的贡献,不再加入碳纤维布的贡献。

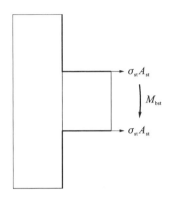

图 7-30 角钢对梁端的作用

当采用角钢加固以后,梁端弯矩由两部分组成,一部分是由原截面钢筋与混凝土承担的传入节点的弯矩 M_b,另一部分是由梁端上下两片角钢承担的弯矩 M_{bst},并且角钢所承担部分弯矩不会传入节点,角钢加固后节点弯矩图如图 7-31 所示。

当柱端作用剪力 V_c 时,此时梁端最大弯矩可表示为式(7-16),核心区所承受的剪力可表示为式(7-17)。

$$M_{bmax} = M_b + M_{bst} = T_{bs}(h_0 - a_s') + \sigma_{st}A_{st}h_b \qquad (7\text{-}16)$$

$$V_j = \frac{V_b L_n - 2\sigma_{st}A_{st}h_b}{h_0 - a_s'}\left(1 - \frac{h_0 - a_s'}{H_n}\right) \qquad (7\text{-}17)$$

由式(7-16)可以发现,与未加固时相比,在承受同级荷载时,即 M_{bmax} 相同时,传入节点核心区的弯矩 M_b 将会大大减小,因此梁端受压区与受拉区的混凝土与钢筋传入节点的压力与拉力都会大大降低,由式(7-17)可以更直观地发现节点所承受的剪力减小了。

7.3.2.2 角钢加固对核心区的影响

采用角钢加固以后,梁柱端控制截面转移到角钢加固范围以外,

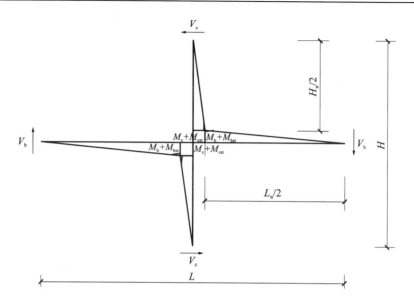

图 7-31　角钢加固后节点弯矩图

偏离了核心区,降低了传入节点核心区的剪力。角钢加固对核心区一个比较大的影响是增大了核心区"斜压杆"的面积,"斜压杆"区延伸到梁柱端角钢加固范围,如图 7-32 所示,在减小传入节点剪力的同时增

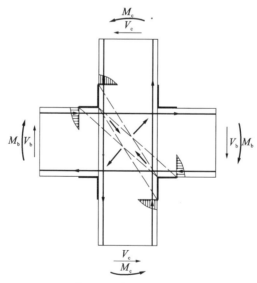

图 7-32　角钢加固机理

大了核心区"斜压杆"面积,使核心区混凝土承受的剪应力更加均匀,提高了节点核心区的抗剪承载力。角钢的加入,限制了核心区混凝土的变形,尤其是限制了梁柱交界面的裂缝扩展,同时增加了梁柱端钢筋的锚固长度,因此改善了梁柱端钢筋的粘结滑移情况,这会使节点在反复荷载下的滞回曲线更为饱满,提高了节点的耗能能力。

参 考 文 献

[1]　中华人民共和国住房和城乡建设部.混凝土结构设计规范:GB 50010—2010(2015 年版)[S].北京:中国建筑工业出版社,2016.

[2]　王步,夏春红,王溥,等.碳纤维布-角钢组合加固混凝土框架节点抗震性能试验研究[J].施工技术,2006,35(4):74-78.

[3]　洪涛.碳纤维加固震损混凝土框架节点抗震性能试验研究[D].上海:同济大学,2002.

[4]　方明新.混凝土框架节点梁端破坏加固试验研究[D].武汉:武汉理工大学,2012.

[5]　赵国栋.既有钢筋混凝土框架节点加固方法研究[D].南京:东南大学,2008.

[6]　中华人民共和国住房和城乡建设部.混凝土结构加固设计规范:GB 50367—2013 [S].北京:中国建筑工业出版社,2014.